工匠精神

——传承与创新

主编 吴 顺

中共党史出版社

内 容 简 介

本书从工匠精神的重要内涵出发，通过古今中外大量事例说明工匠精神的重要性。全书共10章，内容包括工匠精神之传承、工匠精神之热爱、工匠精神之专注、工匠精神之勤奋、工匠精神之严谨、工匠精神之态度、工匠精神之责任、工匠精神之坚持、工匠精神之进取、工匠精神之创新。

图书在版编目(CIP)数据

工匠精神：传承与创新/吴顺主编. —北京：中共党史出版社，2018.1

ISBN 978-7-5098-4548-6

Ⅰ.工…　Ⅱ.①吴…　Ⅲ.①职业道德—通俗读物
Ⅳ.①B822.9-49

中国版本图书馆CIP数据核字(2018)第009760号

出版发行：中共党史出版社
责任编辑：吕佳音　　复审：潘　鹏　　终审：吴　江
社　　址：北京市海淀区芙蓉里南街6号院1号楼　　邮编：100080
网　　址：www.dscbs.com
经　　销：新华书店
印　　刷：北京世纪雨田印刷有限公司
开　　本：170 mm×228 mm　1/16　　印张：13.5　　字数：257千字
印　　数：1—3 000册
版　　次：2018年1月第1版
印　　次：2018年1月第1次印刷
ISBN 978-7-5098-4548-6　　定价：38.00元

前言

PREFACE

中国在过去的几千年里创造出了辉煌的文明，这与先贤们充分发挥的聪明才智分不开。在这几千年的繁衍生息中，工匠精神一直持续着。2016 年，工匠精神第一次被写进了中央政府工作报告中，李克强总理提出要“鼓励企业开展个性化定制、柔性化生产，培育精益求精的工匠精神”，这为工匠精神赋予了新的时代内涵。

从本质上讲，工匠精神是一种职业精神，它是职业道德、职业能力、职业品质的综合体现，是从业者的一种职业价值取向和行为表现。在新的时代弘扬和践行工匠精神，须深入把握其基本内涵，明确其当代价值与培育途径。

在现代科技蓬勃发展的今天，“工匠”似乎远离我们而去。但是，实现中华民族伟大复兴的中国梦，不仅需要大批科学技术专家，同时也需要千千万万的能工巧匠。更为重要的是，工匠精神作为一种优秀的职业道德文化，它的传承和发展契合了时代发展的需要，具有重要的时代价值与广泛的社会意义。

前言 PREFACE

本书从工匠精神的重要内涵出发，阐述成为一名优秀工匠所应具备的品质，并以这些品质为基点，展开叙述，引经据典，陈述案例，充分说明工匠精神在现代社会中占有重要的地位，对实现中华民族伟大复兴的中国梦起着十分重要的作用。

本书由吴顺主编。由于编者水平有限，书中难免存在疏漏和不足之处，敬请广大读者批评指正。

编者

2017 年 12 月

目录

CONTENTS

目录 CONTENTS

CONTENTS 目录

第一章　工匠精神之传承

工匠，从字面来看，就是工人、匠人的意思；词典上的解释就是有技艺专长的人。他们技艺精湛，匠心独具；他们勤劳、敬业、稳重、干练及遵守规矩，一丝不苟；他们不断雕琢自己的产品，不断改善自己的工艺，享受产品在手中升华的过程；他们以工作获得金钱，但他们不为金钱而工作；他们耐得住寂寞、经得起诱惑，将毕生精力奉献给一门手艺、一项事业、一种信仰；他们执着、坚守、精进，不断追求极致与完美。

传承是一个民族赖以生存和发展的根本，工匠精神的传承将直接影响“中国梦”的实现。

第一节　工匠精神的起源

2016 年李克强总理所做政府工作报告中，在说到“提升消费品品质”时，强调要“培育精益求精的工匠精神”。这是“工匠精神”

这一概念第一次出现在中央政府的文件之中，显示“培育工匠精神”的诉求已上升为国家意志和全民共识。

关于工匠精神，很多人往往陷入一个误区，一谈到工匠精神，言必称日、德。其实，以精益求精为核心的工匠精神在世界各国文化中都能找到其根源，但各个国家由于自然资源、民族特性、历史文化的不同，形成了本国工匠文化的特征。

在中华民族漫长的历史进程中，正是一代又一代工匠孜孜不倦地追求“技道合一”，把对技艺的浸淫、对作品的虔敬、对人情的体察、对自然的敬畏，以匠心之巧思，倾注于制作过程，才创造出了绚烂辉煌的中国古代科技文明。

中国本来不缺工匠精神，而且是世界工匠精神的发源地之一。

今天我们从各类史料记载之中可以窥见古代工匠们一道道坚韧的剪影。早在4300年之前，我国便出现了有史可载的工匠精神的萌芽。相传舜“陶河滨，河滨器皆不苦窳”，记录了舜早年在河滨制陶时，追求精工细作，并以此带动周围人们制作陶器，杜绝粗制滥造的事迹。自舜帝时期开始，再到夏朝的“奚仲”、商朝的“傅说”、春秋战国的“庆”，工匠开始大量出现在史书之中，其演变历史也随着中国古代政治、文化、商业、科技等领域的发展而不断推进，由此形成了中国独特悠久的工匠文化和工匠精神。

李冰是战国时期杰出的水利工程学家，在秦国负责兴建过几个大型的工程，被秦昭襄王任命为蜀郡太守。

李冰到蜀郡后，看到成都平原虽然土地肥沃，却人烟稀少，开垦的土地也不多。他很纳闷，就向当地的百姓询问。一位老人指着贯穿成都平原的岷江告诉他："就是因为这条害人的河，从我记事起就年年泛滥，不光庄稼颗粒无收，连村庄都要整个被淹没。大人要再晚来几年，恐怕这里的人也要搬完了。"

李冰恍然大悟，他决心要征服这条河流，为当地的老百姓谋福。

李冰先对岷江流域进行了全面考察，几次深入高山密林，追踪岷江的源头。他长途跋涉，沿江漂流，直达岷江与长江的汇合处，掌握了关于岷江的第一手材料。他发现岷江在发源地一带，沿江两岸山高谷深，水源丰沛，水流湍急。而到了灌县，地势一下变得平坦，水无遮拦，往往冲决堤岸，从上游挟带来的大量泥沙也容易淤积在这里，使得河床渐渐升高。特别是在灌县的西南面，有一座玉垒山，阻碍了江水东流，每年夏秋洪水季节，水流无处排泄，常造成东旱西涝。他发现，这些都是成都平原水害频发的主要原因。

李冰想，要想消除水患就必须在平原上广修渠道，一则可以泄洪；二则可以灌溉，发展生产。而要使水能够灌入渠中，就必须凿开玉垒山，使岷江的水能够继续东流。

经过周密策划，李冰决定先从玉垒山开始。他亲自带领并指挥人们在玉垒山凿开了一个20米宽的口子，叫它"宝瓶口"；然后在江心用构筑分水堰的方法把江水分为两支，迫使其中一支流进宝瓶口。堤堰前端开头犹如鱼头，所以取名"鱼嘴"。它迎向岷江上游，把汹涌而来的江水分成东西两股。西股为外江，是岷江的正流；东股为内江，是灌溉渠系的总干渠，渠首就是宝瓶口。他还亲自规划、修建许多大小沟渠直接引入宝瓶口，组成了一个纵横交错的扇形水网。这是都江堰的主体工程。

后来，为了进一步控制流入宝瓶口的水量，在鱼嘴分水堰的尾部又修建了分洪用的平水槽和“飞沙堰”溢洪道。当内江水位过高时，洪水就经由平水槽漫过“飞沙堰”流入外江，可充分保障灌区免遭水淹。同时，流入外江水流的漩涡作用还有效地冲刷了沉积在宝瓶口前后的泥沙。这些辅助设施使都江堰成为一个宏伟而缜密的系统工程。

李冰为此耗尽了心力，可他还不满足。他还为工程的维护和长久的使用做了考虑，制定了一系列维修和监控办法，有的还被沿用至今。都江堰建成后，成都平原杜绝了水患和旱灾，生产迅速发展起来，并逐渐成为富庶的“天府之国”①。

毫无疑问，李冰是中国古代工匠精神的典型代表之一。正是他的这种精神，才使得成都平原从古至今杜绝了水患和旱灾。

“工匠”一词最早指的就是手工业者，他们在古代被称为“百工”，是社会成员之一。成书于春秋末期战国初期的《周礼·考工记》（又称《考工记》）是中国已知年代最久远的手工业技术文献，该书在中国工艺美术史、科技史、文化史上有着举足轻重的地位，在当时的世界上也是独一无二的。全书共 7100 余字，记述了春秋

① 摘自职业杂志社、家庭服务杂志社：《古今中外工匠精神故事汇》，中国劳动社会保障出版社 2016 年版，第 10—11 页。

战国时期官营手工业中的木工、金工、皮革、染色、刮磨、陶瓷六大类，共30个工种的内容，反映了当时中国所达到的科技及工艺水平。

《考工记》把当时的社会成员划分为王公、大夫、百工、农夫、妇功、商旅六大类，对“百工”的职责做了明确界定：“审曲面势，以饬五材，以辨民器，谓之百工。”也就是说，工匠的职责是需要充分了解自然物材的形状和性能，对原材料进行辨别、挑选，加工成各种器具供人所用，这种职业特性从本质上把工匠和那些“坐而论道”的王公区别开来，工匠成为当时除巫职之外的一个重要的专业阶层。同时，《考工记》记载：“知者创物，巧者述之，守之，世谓之工。百工之事，皆圣人之作也。”这里将“创物”的“百工”称为“圣人”，充分体现了早期的器具设计需要非凡的智慧。此外，历代中央政府机构不一定设有农部，但一定会设有工部，这些都反映中国古代对工匠的专业性、重要性和创造性的认知和重视。

关于《考工记》的作者和成书年代，长期以来学术界有不同看法。数位学者认为，《考工记》是齐国官书（齐国政府制定的指导、监督和考核官府手工业、工匠劳动制度的书），作者为齐稷下学官的学者；该书主体内容编纂于春秋末至战国初，部分内容补于战国中晚期。

今天所见《考工记》，是作为《周礼》的一部分出现的。《周礼》原名《周官》，由“天官”“地官”“春官”“夏官”“秋官”“冬官”六篇组成。西汉时，“冬官”篇佚缺，河间献王刘德便取《考工记》补入。刘歆校书编排时改《周官》为《周礼》，故《考工记》又称《周礼·考工记》（或《周礼·冬官考工记》）。

《考工记》篇幅并不长，但科技信息含量却相当大，内容涉及先秦时代的制车、兵器、礼器、钟磬、炼染、建筑、水利等手工业技术，还涉及天文、生物、数学、物理、化学等自然科学知识。正因为此，历代有关《考工记》的注释和研究层出不穷，其中成绩卓著的学者，早期有汉代的郑玄，中期有唐代的贾公彦，晚期有清代的戴震、程瑶田、孙诒让等①。

而拓展到全世界，工匠精神的传承随处可见。截至 2012 年，“寿命”超过 200 年的企业，日本有 3 146 家，为全球最多，德国有 837 家，荷兰有 222 家，法国有 196 家。为什么这些“长寿”的企业扎堆出现在这些国家，是一种偶然吗？它们长寿的秘诀是什么呢？原来它们都在传承着一种精神——工匠精神！

第二节　工匠精神的基本内涵

很多人认为工匠是一种机械重复的工作者，其实工匠有着更深远的意思。他们代表着坚定、踏实、精益求精。工匠不一定都能成为企业家，但大多数成功企业家身上都有这种工匠精神。

① 摘自《南昌教育学院学报》2012 年第 27 期，第 54—63 页，有改动。

“工匠精神”可以从瑞士制表匠的例子上一窥究竟。瑞士制表匠对每一个零件、每一道工序、每一块手表都精心打磨、专心雕琢，他们用心制造产品的态度就体现出工匠精神的思维和理念。在工匠们的眼里，只有对质量的精益求精、对制造的一丝不苟、对完美的孜孜追求，除此之外，没有其他。正是凭着这种凝神专一的工匠精神，瑞士手表得以誉满天下，畅销世界，成为经典。

所谓“工匠精神”，其核心是：不仅仅是把工作当作赚钱的工具，而且要把其树立成一种对工作执着、对所做的事情和生产的产品精益求精、精雕细琢的精神。在众多的日本企业中，工匠精神使企业领导人与员工之间形成了一种文化与思想上的共同价值观，并由此培育出企业的内生动力。

在获得奥斯卡奖的日本影片《入殓师》中，一个大提琴师失业，到葬仪馆当一名葬仪师。通过他出神入化的化妆技艺，一具具遗体被打扮装饰得就像活人睡着了一样，他也因此受到了人们的好评。这名葬仪师的成功感言是：当你做某件事的时候，你就要跟它建立起一种难割难舍的情结，不要拒绝它，要把它看成是一个有生命、有灵气的生命体，要用心跟它进行交流。

所以，从本质上讲，工匠精神是一种职业精神，它是职业道德、职业能力、职业品质的体现，是从业者的一种职业价值取向和行为表现。

工匠精神的基本内涵包括敬业、精益、专注、创新等几个方面的内容。

第一，敬业。敬业是从业者基于对职业的敬畏和热爱而产生的一种全身心投入的认认真真、尽职尽责的职业精神状态。中华民族历来有“敬业乐群”“忠于职守”的传统，敬业是中国人的传统美德，也是当今社会主义核心价值观的基本要求之一。早在春秋时期，孔子就主张人在一生中始终要“执事敬”“事思敬”“修己以敬”。其中，“执事敬”是指行事要严肃认真，不怠慢；“事思敬”是指临事要专心致志，不懈怠；“修己以敬”是指加强自身修养，保持恭敬谦逊的态度。宋代大思想家朱熹将敬业解释为“专心致志，以事其业”。

第二，精益。精益就是精益求精，是从业者对每件产品、每道工序都凝神聚力、精益求精、追求极致的职业品质。所谓精益求精，是指已经做得很好了，还要求做得更好，“即使做一颗螺丝钉也要做到最好”。正如老子所说：“天下大事，必作于细。”能基业长青的企业，无不是精益求精才获得成功的。

第三，专注。专注就是内心笃定而着眼于细节的耐心、执着、坚持的精神，这是一切“大国工匠”所必须具备的精神特质。从中外实践经验来看，工匠精神都意味着一种执着，即一种几十年如一日的坚持与韧性。德国除了有人们耳熟能详的奔驰、宝马、奥迪、西门子等知名品牌之外，还有数以千计普通的中小企业，它们大部分“术业有专攻”，一旦选定行业，就一门心思扎根下去，心无旁骛，在一个细分产品上不断积累优势，在各自领域成为“领头羊”。其实，在中国早就有“艺痴者技必良”的说法，古代的工匠大多穷其一生只专注于做一件事或几件内容相近的事。《庄子》中记载的游刃有余的“庖丁”、《核舟记》中记载的奇巧人王叔远等大抵如此。

青铜器四羊方尊是中国古代能人巧匠们制造出的一种青铜礼器，它的制作之精巧、做工之精细，体现了古代匠人们的精湛技艺。

四羊方尊是商朝晚期青铜礼器，为祭祀用品，1938 年出土于湖南宁乡市黄材镇月山铺转耳仑的山腰上，现属炭河里遗址，收藏于中国国家博物馆。

四羊方尊是中国仍存商代青铜方尊中最大的一件，其每边边长为 52.4 厘米，高为 58.3 厘米，重量为 34.5 公斤，长颈，高圈足，颈部高耸，四边上装饰有蕉叶纹、三角夔纹和兽面纹。尊的中部是器的重心所在，尊四角各塑一羊，肩部四角是四个卷角羊头，羊头与羊颈伸出于器外，羊身与羊腿附着于尊腹部及圈足上。

四羊方尊器身方形，方口，大沿，颈饰口沿外侈。肩、腹部与足部作为一体被巧妙地设计成四只卷角羊。整器花纹精丽，线条光洁刚劲。尊腹即羊的前胸，羊腿则附于圈足上，承担着尊体的重量。羊的前胸及颈背部饰鳞纹，两侧饰有美丽的长冠凤纹，圈足上是饕餮纹，肩饰高浮雕蛇身而有爪的龙纹，尊四面正中即两羊比邻处，各有一双角龙首探出器表，从方尊每边右肩蜿蜒于前居的中间。全体饰有细雷纹。器四角和四面中心线合范处均设计成长棱脊，其作用是以此来掩盖合范时可能产生的对合不正的纹饰，既掩盖了合范痕迹，又可改善器物边角的单调，增强了造型气势，浑然一体。

据考古学者分析，四羊方尊是用两次分铸技术铸造的，即先将羊角与龙头单个铸好，然后将其分别配置在外范内，再进行整体浇铸。整个器物用块范法浇铸，一气呵成，鬼斧神工，显示了高超的铸造水平，被史学界称为“臻于极致的青铜典范”，位列十大传世国宝之一。

四羊方尊集线雕、浮雕、圆雕于一器，把平面纹饰与立体雕塑融会贯通，把器皿与动物形状结合起来，恰到好处，以异常高超的铸造工艺制成[①]。

第四，创新。工匠精神强调执着、坚持、专注，甚至是陶醉、痴迷，但绝不等同于因循守旧、拘泥一格的“匠气”，其中包括追求突破、追求革新的创新内蕴。这意味着，工匠必须把“匠心”融入生产的每个环节，既要对职业有敬畏、对质量够精准，又要富有追求突破、追求革新的创新活力。事实上，古往今来，热衷于创新和发明的工匠一直是世界科技进步的重要推动力量。中华人民共和国成立初期，我国涌现出一大批优秀的工匠，如倪志福、郝建秀等，他们为社会主义建设事业做出了突出贡献。改革开放以来，“汉字激光照排系统之父”王选、“中国第一、全球第二的充电电池制造商”王传福、从事高铁研制生产的铁路工人和从事特高压、智能电网研究运行的电力工人等都是工匠精神的优秀传承者，他们让“中国创新”重新影响了世界。

当然，以上所说的只是工匠精神所具有的内涵中的最基本的几个。除此之外，工匠精神还具有很多其他方面的内涵，工匠精神的传承与发展也是指这些内涵的传承与发展。

---

① 摘自人力资源社会保障部组织编写：《工匠精神读本》，中国劳动社会保障出版社2016年版，第8—10页，有改动。

第三节 工匠精神的当代价值

一个拥有工匠精神、推崇工匠精神的国家和民族，必然会少一些浮躁，多一些纯粹；少一些投机取巧，多一些脚踏实地；少一些急功近利，多一些专注持久；少一些粗制滥造，多一些优品精品。

在当代社会下，传承和发展工匠精神具有重要的时代价值和广泛的社会意义。

第一，工匠精神是衡量社会文明进步的重要尺度。实现中华民族伟大复兴的中国梦，物质财富要极大丰富，精神财富也要极大丰富，只有物质文明建设和精神文明建设都搞好，国家物质力量和精神力量都增强，全国各族人民物质生活和精神生活都改善，中国特色社会主义事业才能顺利向前推进。也就是说，物质文明与精神文明是推动社会文明进步的“两个轮子”，是实现中华民族伟大复兴中国梦的“一双翅膀”，两者缺一不可。事实上，工匠精神的发育程度与社会的物质文明、精神文明的进步程度都直接相关。从精神文明的角度来看，工匠精神作为一种职业精神，在本质上是同社会主义核心价值观，特别是同其中的敬业、诚信要求高度契合。从物质文明的角度来看，工匠精神在物质文明的创造过程中可以发挥强大的精神动力及智力支持作用。

第二，工匠精神是中国制造前行的精神源泉。经过改革开放 40 年的发展，中国已成为世界第一制造业大国。尽管中国成了“世界工厂”，贴有“MADE IN CHINA”标签的产品在世界随处可见，大到汽车、电器制造，小到制笔、制鞋，国内许多产业的规模居于世界前列，却依然缺少真正中国创造的东西，甚至一些外国人将其等同于“山寨”产品，这严重损害了中国企业和中国品牌的形象。在许多业内人士看来，中国制造业大而不强，产品质量整体不高，背后的重要根源之一就是缺乏具备工匠精神的高技能人才。为实现中国从全球制造大国到制造强国的跨越，2015 年 5 月 8 日，国务院正式印发《中国制造 2025》，提出了中国政府实施制造强国战略第一个十年的行动纲领。中国要迎头赶上世界制造强国，成功实现《中国制造 2025》战略目标，就必须在全社会大力弘扬以工匠精神为核心的职业精神。只有当敬业、精益、专注、创新的工匠精神融入生产、设计、经营的每一个环节，实现由“重量”到“重质”的突围，中国制造才能赢得未来。

第三，工匠精神是企业竞争发展的品牌资本。随着市场经济特别是知识经济的到来，现代经济越来越呈现为一种品牌经济。在现代市场经济视域下，作为知识资本形态的品牌形象也是一种可经营的企业资本，是一种潜在的、无形的、动态的、能够带来价值增值的价值，是传统的会计体系反映不了的无形资本。塑造良好的品牌形象，有效开发、经营品牌资本，是企业参与市场竞争、占领市场制高点的重要手段。事实上，工匠精神在企业品牌形象塑造和品牌资本创造过程中具有十分重要的作用。工匠精神是企业品牌内涵的重要体现，也是企业品牌知名度、美誉度及顾客忠诚度培育的有效途径，更是企业品牌资本价值增值的重要来源。例如，中华老字号“全聚德”烤鸭能够驰名中外，也是得益于其“食不厌精，脍不厌细”的工匠精神。

第四，工匠精神是员工个人成长的道德指引。尊重员工的价值、启迪员工的智慧、实现员工的发展，不仅是员工个人成长的强烈需求，同时也是现代企业的责任和使命。而工匠精神作为一种职业精神，是企业员工提升个人精神追求、完善个人职业素养、实现个人成长进步的重要道德指引。美国旅馆业巨头康拉德·希尔顿年轻时有过在酒店打工的经历。最初，上司安排他打扫卫生，刷马桶是其中的必要环节。希尔顿对这份工作不满意，对待工作很懈怠。有一天，一位年龄稍长的女同事见他刷的马桶很不干净，就亲自为他做示范，并告诉他，自己刷完的马桶是有信心从里面舀水喝的。这件事对年轻的希尔顿触动很大，从此他一改对工作的懈怠应付，逐渐树立起踏实认真、一丝不苟的职业精神。后来，希尔顿拥有了自己的酒店，并在行业内独树一帜。回顾他的成功之路，不难发现，他年轻时所遭遇到的"喝马桶水"的职业精神教育这一课是他成长、成才、成功的重要精神财富。事实上，企业员工所具有的高尚职业操守和强烈的工匠精神与拥有较高专业知识技能一样，是其自身立足职场的重要条件和在未来职业生涯中脱颖而出的制胜法宝。

第四节　工匠精神应具备的品质

工匠精神是指工匠在高超职业技能和良好人文修养结合下形成的一种精神理念。它既体现为工匠的气质，又体现为产品的品质。就其应具备的品质而言，包括工匠对职业的热爱与专注、一丝不苟的态度与精益求精的精神、品牌意识与创新精神及对“道技合一”境界的追求。

一、对职业的热爱与专注

一般来说，任何高超手艺的获得都基于一个前提，即对职业的热爱。正如孔子所言：“知之者不如好之者，好之者不如乐之者。”（《论语·雍也》）学习的最低层次是“知之者”，即懂得应该学、如何学，用理智控制行动。这种学习方式可以达到一定的目的，但往往缺乏情感的认同，弄得身心疲惫。“好之者”则不同，因为喜爱，所以乐此不疲，学习不会点到为止，而是在问题的诱惑下层层深入钻研，往往有丰硕的成果。学习的最高境界自然是“乐之者”，由学习带来的快乐和满足而产生了幸福感，并进一步推动学习的深入。如此循环往复，不断有新的乐趣和新的境界。这就是职业快感。工匠精神的首要表现就是职业的幸福感和满足感。俗话说，“干一行爱一行”，如果没有热爱，工作便只是谋生的工具而已，当一天和尚撞一天钟，定然难以取得大成就。

“一沙一世界，一花一天堂。无限掌中置，刹那成永恒。”徐志摩曾语带禅机地翻译英国诗人威廉·布莱克的名作《天真的预言》。一粒沙、一朵花，普通渺小的事物实则蕴含着大千世界的万般奥秘。

那么，一块木头呢？

在东阳木雕传承人、“中国工艺美术大师”陆光正的手中，一块普通的香樟木或者椴木充满着无限的可能。

陆光正从艺60载，在木雕艺术领域孜孜以求，有贯穿多种雕刻技法、涉及各种题材的艺术珍品500多件问世，曾多次参加全国、国际性大展并获大奖，赢得国内外赞誉。其不少佳作被中国工艺美术馆、中国历史博物馆及知名人士收藏，被工艺美术行家称为“国之瑰宝”。

陆光正出生在浙江东阳岭下村。村子四面环山，山上古木参天。银杏树、樟树、枣树是主要树种，这些树是东阳木雕自古以来的主要雕材。陆光正的父亲是有名的裁缝，母亲虽不识字，但一笔花鸟画却极为传神。大概是受环境熏染，陆光正从小在艺术上就表现出超常的天赋。村里来了婺剧团，他站在板凳上为演员画脸谱；上小学时就为村里一年一度的灯会画龙头，还到乡里的墙壁上画宣传画。一时间，陆光正被乡及村里赞许为“艺术神童”。

13岁那年，陆光正从1000多名考生中脱颖而出，考入东阳木雕学校。两年后，他又被著名的木雕老艺人、“雕花状元”楼水明相中，破格收为“关门弟子”，之后又得到多位老艺人的倾囊相授。

千里马之所以能成为千里马，是因为伯乐慧眼识良驹，而陆光正之所以能从那么多学徒中脱颖而出，成为东阳木雕的擎旗人，也与他的师傅“雕花状元”楼水明密不可分。一开始，陆光正由于在雕刻方面没有什么基础，学起来困难重重，画的图、刻的作品得不到老师的认可，陆光正就有点丧失信心了。后在恩师楼水明的耐心指点下，陆光正的技艺才有了突飞猛进。

一年后，陆光正初露才华，创作的木雕挂屏《热爱和平》被选入全国少年儿童美术作品展览，并作为礼物赠送给国际友人。陆光正曾说："学木雕最大的快乐就是作品能得到老师的表扬和大家的认可，在我心里，我最感谢的是我的恩师楼水明，如果没有他的悉心教导，也就没有现在的我。"

陆光正凭借着他炉火纯青的木雕技术开始不停地创作震惊海内外的作品，名气也越来越大。2014 年，亚太经合组织领导人非正式会议在北京召开，会场上的巨大木雕《锦绣中华》和雁栖湖国际会议中心会议厅 8 件壁挂《燕京八景》木雕作品就出自陆光正之手。该系列作品在经打磨工艺后，没有使用油漆，取而代之的是食用级别的蜡。使用食用蜡，既没污染，还在打磨工艺的基础上保留了树木天然的纹理和色泽，增加了作品独特的韵味。

在一般人的心目中，艺术家似乎总是一副不修边幅、邋邋遢遢的样子，但陆光正是国家级的工艺美术大师，与一般的艺术工作者还是有差别的。初见陆光正，一股非凡的气魄就迎面而来——他头发微白、红光满面，显得格外精神。白色的休闲装、米黄色的长裤，这样的一身朴素衣着在他身上却是如此的不普通。

2016 年 1 月，陆光正非遗精品馆开馆，这是国内首个以"非遗"名义建立的艺术馆。开馆当日，陆光正携弟子在创作室内种了一棵千年罗汉松，他希望弟子们努力学艺，将木雕技艺发扬光大。如今，陆光正的弟子中有省级工艺大师 11 名，中国传统艺术大师、中国木雕艺术大师、高级工艺美术师多名，都在木雕领域延续着文脉和工艺。

人物山水，花鸟虫鱼，庙宇宗祠，飞檐翘角，看似信手拈来，实则心手相合，得大造化。“灵山梵宫壁画雕刻”的恢宏之气，“三英战吕布”的飒爽英姿，“年年有余台屏”的设计之巧……一支笔、一把刀，含阴抱阳，推奇致平，构建了陆光正精彩纷呈的木雕艺术世界①。

陆光正对木雕艺术的热爱使其成为一名木雕大师。因此，凡事应先有热爱，然后一门心思地专注于此，才能创造出辉煌的成就。

中国古代的工匠主要分为两种，即官匠和民匠。官匠的劳动属于义务性质，长年累月地为官府服役，却是没有报酬的。直到唐中叶以后，无偿应役的官匠才日益减少。到清代顺治二年（1645 年），匠籍制度被废除，官匠和民匠的区别才不复存在。由于官匠劳动具有强制性，有时甚至自己还要出钱（如明代要求工匠应役时自筹路费），而且工匠的地位世袭，不准迁移。因此，他们对待职业多是无可奈何的应付，几乎没有职业幸福感。民匠则不同，尽管职业卑贱，但他们不仅有人身自由，而且可以获得一定的报酬，在民间经济领域十分活跃。民匠最容易知足，从而产生幸福感，明代徐一夔《织工对》中的工匠如下：“于僦居钱塘之相安里。有饶于财者，率居工以织。每夜至二鼓，一唱众和，其声欢然，盖织工也……旦过其处，见老屋将压。杼机四五具，南北向列。工十数人，手提足蹴，皆苍然无神色。进工，问之曰：‘以余观若所为，其中劳也甚矣。而乐，何也？’工对曰：‘此在人心。心苟无贪，虽贫，乐也；苟贪，虽日

① 摘自《东阳陆光正：木雕艺术是一生挚爱》，央视网 2016 年 4 月 14 日，有改动。

进千金，只戚戚尔。吾业虽贱，日佣为钱二百缗，吾衣食于主人，而以日之所入养吾父母妻子。虽食无甘美，而亦不甚饥寒。于自度以为常，以故无他思。于凡织作咸极精致，为时所尚，故主之聚易以售，而佣之直亦易以入，所图如此。是以发乎性情，出口而成声，同然而一音，不自知其为劳也。'”

这里所写的织工显然是民匠。他们的工作有以下特点：工厂规模不大，只有十多个工人；环境很糟糕，在一间随时都可能倒塌的老屋里工作；劳动强度大，每晚都要工作到二更时分才能休息；劳动报酬不高，只能勉强养家糊口。这样的职业在常人看来是没有什么值得高兴的，然而他们却“一唱众和，其声欢然”。究其原因，就是他们从辛苦的劳动中获得了职业的满足感。这种满足感是一种心理体验。最难能可贵的是，他们“织作咸极精致，为时所尚”。在艰苦的环境中生产出高品质的产品，即便是为了追求更大的利益，但谁能说这不是一种工匠精神呢？难怪徐一夔感叹道：“工，知足者也。”

这样的工匠并非特例。《儒林外史》第五十五回中也专门写过一个市井“奇人”。此人是裁缝，姓荆名元，50多岁。他不是一个普通的裁缝，每天工作结束后就弹琴、写字，甚至作诗。朋友们都不太理解，问他：“你既要做雅人，为什么还要做裁缝这行？何不同些学校里的人相与相与？”他道：“我也不是要做雅人，也只为性情相近，故此时常学学。至于我们这个贱行，是祖父遗留下来的，难道读书识字，做了裁缝就玷污了不成……而今每日寻得六七分银子，吃饱了饭，要弹琴，要写字，诸事都由得我，又不贪图人的富贵，又不伺候人的颜色，天不收，地不管，倒不快活?”这种不因职业“卑贱”而不快活的工匠才能轻装上阵，最终成为优秀的匠人。

当然，要成为技艺高超的工匠，除了热爱自己的职业，还必须有专注的精神。中国古代由于匠籍制度的限制，工匠们基本都是“术业有专攻”，再加上古代技艺的传授以家传为主，因此工匠们的手艺往往是终其一生所习得，甚至累积了很多代人的经验。因此，古代工匠对技艺的专注精神尤其值得称道。例如，江南的擦漆油工在制作漆制品时，“纯用右拇指腡面著实推擦之，大约一点漆，著木擦至半小时。……是行工人始学时，每日必用羊肝石打磨其右拇指腡文，使平滑不棘，至著水不留痕为良技，且常保护右拇指不接触有色纸布等物”。事实也证明，只有长期专注于一项技艺，不断积累经验，最终才能独擅其法，生产出精致的产品。

二、一丝不苟的态度与精益求精的精神

认真是一种强大的精神力量。做任何事情，只要有一丝不苟、严肃认真的态度，精益求精的精神，就能把事业不断向前推进。《诗经·卫风·淇奥》中写道：“如切如磋，如琢如磨。”这是以工人加工器物来比喻君子研究学问和陶冶品行的精益求精。“切”是把骨头制成器物，“磋”是加工象牙，“琢”是治玉，“磨”是把石头打磨成器物。诗中以工匠加工器物为喻体，说明工匠在制作器物时的一丝不苟和精益求精。对此，朱熹说得很明白：“言治骨角者，既切之而复磋之；治玉石者，既琢之而复磨之。治之已精，而益求其精也。”这就是中国古代工匠精神的内涵之一，一直为工匠所认同和发扬，

如《康熙江西志》卷二十七中所记载的景德镇御窑的工匠就是一丝不苟的典范："各作工匠，倘技艺精熟，则烧造亦易成。六作之中，惟风火窑匠最为劳苦。方其溜火，一日之前固未甚劳，惟第二日紧火之候，则昼夜省视，添柴时刻不可停歇，或倦睡失于添柴，或神昏误观火色，则器有苦窳拆裂阴黄之患。盖造坯彩画始条理之事也，入窑火候终条理之事也。火弱则窳，火猛则债。……合用看火作头四五名，烧火匠二名，每夜厂官亲临窑边巡督，编立更夫，并民快各五名，分定更筹，递相巡警，以察勤惰。至开窑时，器皿完好，厚赏旌劳。……他如工匠扛台大器坯胎，须令谨慎。……故自洗补至入窑，必看坯胎堪否，然后盖匣封固，起火烧造。如绘画中小器，亦须细看，上下四周，有无疵缪，必体质完美，方可入窑。不然，则徒劳罔功矣。"

这段记录中所提到的景德镇制作瓷器的工匠有四种，分别是风火窑匠、烧火匠、扛抬大器坯胎的工匠和画匠。工匠们都必须十分小心，每个环节都一丝不苟，做到"体质完美，方可入窑"。如果其中一个环节出了问题，则所有人都徒劳无功。可见，保持一丝不苟的工作态度，不仅是对自己的工作负责，更是对别人负责，对整个产品负责。随着工业的发展，产业分工不断细化，更需要一丝不苟的工作态度。例如，明清时期的染坊将本色布染成色布，落水、敲布、染布、重敲、重染、晒布等工序，而且每道工序的技术性都很强，如果操作不熟练，工作态度不认真，是不可能染出好布料的。

正是因为有一丝不苟的工作态度和对产品精益求精的精神，所以中国古代的能工巧匠层出不穷，甚至不乏大师级的工匠。例如，鲁班一生有许多非常实用的技术发明，成为后世很多行业的鼻祖，除了木瓦石匠外，搭棚、扎彩、玉器、皮箱、梳篦、钟表、编织、制盐、制糖等行业都奉鲁班为祖，定期举行各种纪念活动；规模宏大的水利工程都江堰的设计者李冰也是精益求精的代表。

中国古代设计巧妙、施工精密的伟大工程还有开宝寺塔。这座建于北宋皇佑元年（1049 年）的铁塔至今已有 900 多年的历史，历经地震 38 次、冰雹 10 次、风灾 19 次、河患 6 次、雨患 17 次，即便是在日军大炮的轰击下，仍然屹立不倒。铁塔的设计者预浩堪称伟大的工匠。据欧阳修《归田录》卷一记载："开宝寺塔在京师诸塔中最高，而制度甚精，都料匠预浩所造也。塔初成，望之不正而势倾西北。人怪而问之，浩曰：'京师地平无山，而多西北风，吹之不百年，当正也。'其用心之精盖如此。"工程的精妙不仅在于当下的美观实用，更要有前瞻性。

三、品牌意识与创新精神

高质量的产品是工匠的安身立命之本。产品的竞争力源于其质量，而质量是品牌打造的基础。因此，品牌成为高质量的代名词。但是，质量好的产品未必能成为品牌，"养在深闺人未识"的情况十分普遍，这就要求工匠应有品牌意识。当然，古代熟人社会的交易有"酒香不怕巷子深"的特点，但如果工匠技艺趋同、产品大同小异，是不利于树立品牌的。因此，工匠须以自身的特色技艺为基础，做出质量上乘的产品，并大力推广，使之成为品牌。

中国古代很早就有品牌的记载，《考工记》卷上说：“郑之刀、宋之斤（斧头）、鲁之削（书刀）、吴粤之剑，迁乎其地，而弗能为良也。”这显然是地域品牌，但也说明这些地方的工匠各有擅长，在自己的职业领域都很有造诣，从而使本地的产品声名远扬。而且这些产品大多是不能复制的，换了地方就做不好。究其原因，除了受到原料产地的限制，更多的是各地工匠的技艺水平不同。到了宋代，由于商业的发达，品牌意识更加普及和深入。卖家和买家都有很强的品牌意识。据灌圃耐得翁的《都城纪胜》所记：“大抵都下买物，多趋有名之家，如昔时之内前下家从食，街市王宣旋饼，望仙桥糕糜是也。如酪面，亦只后市街卖酥贺家一分，每个五百贯，以新样油饼两枚夹而食之，此北食也。……市食有名存而实亡者，如瓠羹是也；亦有名亡而实存者，如瓮羹，今号齏面是也；又有误名之者，如呼熟肉为白肉是也，盖白肉别是砧压去油者。”这里所说的“有名之家”就是各种食品的品牌。有的食品由于手艺的独特性，全城只有一家，而且比较贵。此外，这里还提到几种有关品牌的情况，一是“名存而实亡者”，即空有品牌名称，实质则相去甚远；二是“名亡而实存者”，即品牌名称已不复存在，但质量还在；三是“误名之者”，即可能是一时的误会，也可能是“盗版”。宋朝商业的发达推动了人们的品牌意识的提升。而且在发展趋势上，地域品牌逐渐发展为家族或个人品牌，如北宋京城孟家的道冠、赵文秀的笔、潘谷家的墨、彭家的油靴、宣家的台衣、顾四家的笛子、舒家的纸扎铺、童家的柏烛铺、徐家的扇子铺、纽家的腰带铺、张家的铁器铺、徐家的绒线铺、朱家的裱褙铺、游家的漆铺、邓家的金银铺等都十分有名。据说，歙州李家制的墨工艺独特，“遇湿而不败”，有钱人争相收藏；有一富裕人家藏有李庭圭制的一块墨，但不小心掉进水里，此人以为墨经水必坏，便懒得打捞，一个多月后，此人打捞一把金器时一并把墨也打捞上来了，发现该墨“光色不变，表里如新”。

当然，特定品牌所对应的产品并不是一成不变的，如果没有革新精神，不与时俱进，再好的产品终究会被淘汰。这正是当前美国苹果等著名品牌不断推出新产品的原因。中国古代的重要发明无不是勇于革新的结果。在古代众多著名工匠中，黄道婆的革新精神尤其令人称道。这位生活于宋末的纺织能手不但有精湛的纺织技艺，还是一位伟大的改革家。她在传统踏车的基础上发明了扎棉用的搅车，使籽落于内，棉出于外，大大地提高了工作效率。在纺纱方面，传统纺纱车只有一个锭子，只能纺一根纱，而黄道婆发明的脚踏纺车有三个锭子，可以纺三根纱，是当时世界上最先进的纺车，比欧洲纺两根纱的纺车还要早近 500 年。利用她改进的织布机能织出各种美丽的棉布。她的这些发明对中国古代纺织工业的贡献十分巨大，而她的革新精神一直影响着后世的工匠。

值得注意的是，尽管革新精神得到弘扬，但中国古代工匠的革新精神有时并非是他们的主观意愿，尤其是没有人身自由的官匠，他们革新的动力往往来源于统治者对新产品需求的压力。例如，杨贵妃就曾精选许多技艺高超的能工巧匠按照自己的欲望和喜好要求织工造出各种稀奇古怪的织品。这样的技术革新令人既欣喜又心酸。

四、对“道技合一”境界的追求

“道”是中国古代一个十分重要的哲学概念，其含义非常复杂。从字形上看，“道”字为一个人头（象征着一个人），朝着道路上的某处走，因此是“道”“正道”。这说明“道”是一种带有方向性和目的性的活动，而不仅仅是静态的“路”。因此，“道”可以引申为实现特定目的的途径和方法。在哲学层面，“道”是中国哲学的最高范畴，“它是一个终极实在的概念。它是整体性的，在本质上既不可界定也不可言说，不能以任何对象来限定，也不能将其特性有限地表达出来。它是不受局限的、无终止的一切事物的源泉与原始浑然的总体”。这显然是从本体论的层面来认识“道”的。从认识论的方面来看，“道”还指万物运行的客观规律，这种规律可以认识和体悟，但不以人的意志为转移。“道”是“万物之奥”（《老子》六十二章），深藏不露，不能违背。有学者认为，“道”还是一种信仰和追求，“以此信仰为基点，增添了人们探索世界、征服自然、人生奋斗的精神动力和支柱，从而创造了一系列物质文明和精神文明”。

与“道”相对，“技”是有形的，是具体的途径和方法，西晋郭象认为“技”是“万物之末用”。在儒家看来，“技”是微不足道的，在《论语》中，孔子的学生樊迟“请学稼”“请学圃”，孔子以轻蔑的口吻说自己种庄稼不如老农民，种蔬菜不如老菜农。在孔子看来，樊迟要学的行为是小人的行为，“上好礼，则民莫敢不敬；上好义，则民莫敢不服；上好信，则民莫敢不用情。夫如是，则四方之民襁负其子而至矣，焉用稼？”（《论语·子路》）礼、义、信才是值得认真学习的“道”。对于“道”，孔子的态度则是“朝闻道，夕死可矣!”（《论语·里仁》)。在先秦诸子中，只有墨子对“技”予以重视，他在几何学、力学、天文学、军事科技、土木工程等方面都有超拔特出之处，与当时重“道”轻“技”的风气迥然不同。道家的代表人物庄子对“道”有深刻的论述，但在他的寓言中，“技”始终是体悟“道”的重要途径，拥有高超技艺的人（如庖丁等）的终极目标正是对“道”的体悟。这种“道技合一”的境界显然是工匠们一种至高的精神追求。

因为“技”是体悟“道”的途径和方法，所以对“技”的掌握程度及理解的差异将直接影响工匠能否抵达“道”的高度。可以说，对工匠而言，掌握高超的技艺是体悟“道”的基本前提，但这并不意味着因此就可以体悟到无形的、难以言表的“道”。在中国古代的工匠中，有着高超技艺的人不少，如宋代的潘谷不但善于制墨，而且鉴赏能力很高，能达到“揣囊知墨”的程度。《太平广记》卷八十四中记载了一个名叫奚乐山的木匠，他手艺了得，所做器物十分精妙，锱铢无失，达到“众共惊骇”的程度。纺织工也有很多技艺高超的。据《旧唐书·五行志》记载，唐中宗李显的女儿安乐公主有一件毛裙子，“合百鸟毛，正看为一色，旁看为一色，日中看为一色，影中看为一色，百鸟之状，并见于裙中”，普通的手艺人是织不出如此精美的裙子的。但是，无论是潘谷、奚乐山还是技艺高超的纺织工，都尚未达到“道技合一”的境界，因为他们并未从自身手艺的习得过程中体悟出“道”来，只能说他们已经有了体悟“道”的条件。

真正的“道技合一”的境界是不以技艺的提升为目的，而是通过“技”的过程来体悟“道”的真谛，从而实现人生意义的超越；同时通过对“道”的认识和体悟，促进“技”的炉火纯青。庄子笔下的庖丁就是这样的工匠，他为文惠君解牛，“手之所触，肩之所倚，足之所履，膝之所踦，砉然响然，奏刀騞然，莫不中音。合于《桑林》之舞，乃中《经首》之会”。庖丁高超的技艺令文惠君拍案叫绝。但庖丁解牛的妙处并不在于他的技艺，而在于他的认识和体会，庖丁“所好者，道也，进乎技矣”。当然他对“道”的认识也是以技艺的提升为前提的，刚开始学解牛时“所见无非牛者”，经过三年的训练，便“未尝见全牛”了，最后“以神遇而不以目视，官知止而神欲行”，做到“依乎天理”，从而游刃有余。每次完成解牛，庖丁都“提刀而立，为之四顾，为之踌躇满志”。这就是由解牛得到的超越与满足。这样的人物在庄子的笔下还有很多，如梓庆、轮扁等都是由“技”入“道”，最终实现了“道技合一”。这种“道技合一”的境界是古代工匠的终极追求，如能实现，便是大师。

第五节　用心传承工匠精神

工匠精神是早在古代就流淌在人们的血液中的，当然更是我们这个时代所需要的。

如今在快节奏生活的社会环境下，人们更多的是推崇工业化的批量生产，甚至认为工匠精神是一种落后的小手工业思想，对于制造业来说是一种思想倒退。试想一下，一位工人对每件产品都耗费大量功夫，精益求精，但其领导用“合格与否”而不是用“完美与否”来评判产品的质量。因此，他的效率可能是最差的。那么，他还会恪守工匠精神吗？

工匠精神是深深埋藏在中华儿女心中的种子，随着华夏子孙的代代延续而得以传承。春秋末战国初的鲁班可以称为“匠人的祖师”，他出身于世代工匠的家庭，从小就参与了许多土木工程的建筑劳动，逐渐掌握了生产劳动的技能，积累了丰富的经验，也许正是因为亲身体验过劳动的辛苦，他才会进一步思考如何更省时、省力地完成任务，就是这样，他发明出了现代木工仍然在应用的手工工具，如钻、刨子、铲子、曲尺和画线用的墨斗。

显然，鲁班的名字应成为中国劳动人民智慧的象征，但在鲁班身上，除了聪慧和在工艺上的天分，我们更应看到的是他追求更好的决心。其实，工匠精神也许不仅仅体现在个人身上，还可以是一个民族几代人的精神象征。我们在博物馆中常惊异于出土文物的巧夺天工，不得不心生对一代代匠人技术愈发精湛的佩服。从石器铁器到青铜器玉器，从兵马俑唐三彩到黄瓷元青花，文物的精美程度能有如此大的进步，都是一代代冶炼烧制工匠追求完美、精益求精的结晶。但是，在我们生活的这个快速发展的社会，传承工匠精神已不仅仅是“众工匠”的任务，而是我们每个人都应努力达到的目标。李克强总理在中央政府工作报告中提出，要“培育精益求精的工匠精神”，从经济贸易角度来看，这刚好迎合最近“大众创业，万众创新”的时代口号，因为精益求精从某种意义上说就是一种创新；从科学技术方面入手，不局限于现有的科研成果或产品，进一步深入研究各个领域，开发新产品，为社会发展出一份力，又何尝不是一种精益求精？中国人的工匠精神从古至今，源远流长。作为新时代的中国人，发扬并传承工匠精神已然成为一种职责，工匠精神中的“精益求精”早已融入我们的血脉之中，等待进一步的发扬光大。

在辽宁舰上有一个高级士官群体，他们从接舰的那一天起，就工作生活在中国首艘航空母舰上，从试验试航到跨海区训练，从歼-15首次着舰到多批次放飞“战鹰”，他们见证了中国航母工程建设取得的每一项成就，也伴随着辽宁舰一同成长。

翟国成是辽宁舰首个获得国家专利的航母舰员。3本国家专利证书、10余项创新研究成果、4次荣立三等功、全军优秀士官人才奖一等奖……这是二级军士长翟国成在航母上收获的成绩单。更让这位航空保障部门支持设备区队区队长骄傲的是，有一种工具能以自己的名字命名——“翟国成扳手”。

航母甲板被称为“世界上最危险的机场”。甲板上进行的每一个操作都可能影响到飞机的起降安全，大到设备，小到工具，在操作上容不得半点误差。“翟国成扳手”正是在这样谨小慎微的环境中诞生的。

一次飞行甲板作业过程中，一名舰员在使用工厂配发的航空供给盖扳手时，扳手从供给盖滑脱，手背瞬间被飞行甲板坚硬的涂层擦伤。看见身边年轻战友滴血的伤口，站在一旁的翟国成心疼不已。“为什么扳手会滑脱？是不是扳手设计上有缺陷？能不能有更合理的改进？”一连串疑问在翟国成脑海中冒出来。凭着多年的机务保障经验，在对供给盖结构原理进行反复思考后，他终于找到了症结。他立即着手研究改进，在战友的帮助下学会了工程制图，设计出了重量轻、费力小的立式扳手。

一次舰面勤务保障时，翟国成发现将液压管、油管等管线从供给盖中拉出，不仅费时费力，还磨损线缆，如果加入滑轮导引装置和管线升降装置，能有效解决问题。为了把想法变成现实，翟国成拿起教材，带领攻关团队学习机械制造、电气控制方面的技能。

2017 年 4 月，为做好飞行试验和专项任务准备，舰上组织更换飞行甲板防滑涂层。甲板防滑涂层的质量、状态对飞行安全起着十分重要的作用。“和飞行有关的一切都不能马虎!”经常把这句话挂在嘴边的翟国成主动请缨，协助负责该项工作。在厂家进行作业前，翟国成查阅了大量天气、水文资料后发现，如果按照预定日期更换，新铺设的涂层气膜将会在温度、返潮影响下大面积破裂，“战鹰”在这样的甲板面起飞着舰会怎样？他找到厂家技术员，表明了自己的看法。厂家铺设了一小块甲板进行论证，翟国成的话很快就得到证实。

“安全是航母事业的生命!”细心的翟国成为飞行保障增添了一份安全，也为厂家避免了返工的经济损失。

翟国成精通所带区队的 10 多个专业，先后保障过 4 型战机。车辆应急启动装置、甲板专用警戒杆等 10 多项研究成果使翟国成为战友们眼中的士兵发明专家。其中，管线导引装置、立式开盖扳手、管线升降装置获国家实用新型专利证书。

在翟国成的引领下，辽宁舰掀起了装备革新的热潮，涌现出多名“装备革新之星”，为航母建设提出的装备改进建议多达数百条。

“是航母给了我平台，让我去创新。”关于发明创造的初心，翟国成说，“一切都为了能打仗打胜仗，装备改进一点，航母的战斗力就提高一点。”①

毫无疑问，翟国成是众多“大国工匠”中的一员，他所付出的实际行动已然成为工匠精神的典范。

在说到工匠时，我们通常会想到师傅带徒弟的传统模式。传统的师傅带徒弟的经验传递模式，主要体现在三个方面：传承、帮助、带领。

首先是传承。向徒弟传授技术的那一层面自是不必多言，而往往容易被忽视的恰是最重要的信念与精神的传递。新人刚走上岗位，从课堂到工作单位，环境的改变一时间可能会使他们产生恐惧。作为师傅，要向他们传递一种坚定的信念——成功需要经历一个学习成长的过程，只有端正自己的态度，勤奋好学、踏实肯干，从心里热爱这份工作，才能克服重重的障碍，最终在自己的岗位上大放异彩。

其次是帮助。不只是授人以鱼，更应授人以渔。作为工作经验和人生阅历两个方面的前辈，当徒弟遇到工作上或是心理上的问题时，师傅应耐心地与其沟通，给予解答和帮助，引领他们树立信心，最终目的是提高他们自己解决问题的能力。

最后是带领。师傅应起到模范先进的带头作用，换句话说，便

① 摘自《“大国工匠”翟国成：辽宁舰上一种工具以他的名字命名》，央视网2017年8月22日，有改动。

是以身作则，给徒弟树立正确的职业道德操守。作为师傅，也不能荒废基本功的练习，要在总结的基础上，勇于创新，提高手工技术娴熟度的同时，理论学习的节奏也要跟上，多组织徒弟与同事、师傅间的讨论，互相取长补短。

当然，以上几点还远远不够。俗话说："要做事，先做人。"师傅应先教会徒弟做人，磨炼和培养他们的个人意志、修养，这对他们今后的发展能起到举足轻重的作用。工作中最不可缺少的品质就是责任感。培养责任意识，责任重于泰山，成功在于用心。约·凯恩曾说："习惯形成性格，性格决定命运。"引导徒弟养成良好的工作习惯，对他们的工作，乃至整个人生，都十分关键。树立精品意识，在生产的每个环节都不生产不合规定与要求的产品，以个体质量保证整体质量，以过程优化求得结果优化。

让工匠精神渗透进各行业中，不是一蹴而就的事情，需要扭转一代人的思想观念，更需要国家从战略上真正重视职业技术教育，弘扬技能文化，为技能型人才提供更优厚的福利待遇。在要求后辈提高自身领悟力的同时，加以上述正确的方式引导，才能将宝贵的工匠精神真正地传承下去，实现强国梦。

工匠典范——"工人发明家"手握8项专利

新年伊始，徐仲维收到了一项人生的最高奖励——全国第十三届高技能人才获奖证书。

被称为"工人发明家"的徐仲维，是湘电集团特电事业部某国家重点科研项目高级技师，没有高学历，没有官衔。

然而，谁都没想到，这些年来，他竟获得了 8 项国家专利，其发明的一种外径千分尺检定校正装置获得了全国第十九届发明展铜奖。

“穿新鞋走老路，不会有突破，我觉得穿新鞋就要走新路。”徐仲维对解决技术方面的问题从不墨守成规，总是要打破常规找思路。

几年前，湘电集团承担了一项国防科技重大技术攻关项目，徐仲维担任安装调试、装配工艺技术工作。该项目的技术处于国际科技前沿，无任何经验借鉴，徐仲维四处寻资料、想办法，折腾了很长一段时间，却无一收获。

十分苦闷的他一连几天日夜围绕车间的操作台转来转去，当他想到自己常年处理装配技术解决的诸多实际问题时，眼前突然一亮，用分段的方式说不定就能解决这一重大项目的技术难题。顺着这个思路，他奋战了 10 多个昼夜，通过制订实施方案、调整操作规程、改变加工手段等，终于成功利用分段轨道精确定位的整套程序，攻克了这一难题。

“失败与成功，往往一步之遥，坚持就能看到曙光。”徐仲维记得某个国家重点科研项目中有一项技术是高能电机定子线圈的绕制工艺。该工艺要求在同一定子铁芯上绕制多相多级线圈，不能拼头、不能缠绕，尺寸也要求极高。一时间，分管技术的高层都觉得非常棘手，甚至有放弃的想法。其实，这时徐仲维的压力比任何人都大，可他总觉得有办法扫除“拦路虎”。他与自己的团队制定攻关方案，一个不行再来一个，各种方案加起来就有 10 多个。正是徐仲维这种永不言弃的坚持，他们最终设计制造出了两台大型全自动绕线整形机。徐仲维发明的该项技术达世界前沿水平，获得 4 项国家专利。

“大家的脑子转，比一个人转效果会更好。”平凡工作中，徐仲维搞发明，善于发现和利用工友们的集体智慧。

有一次，他们承担200米导轨装配测量项目时，由于测量精度的准确性要求非常高，且国内外均无先例，技术攻关陷入困境，徐仲维工友中有人提出可考虑从平面测量入手，再做深入研究的建议。

徐仲维听了工友的建议，茅塞顿开，他根据这种设想，很快摸索和总结出一套完整的双轴平面测量法，运用高精设备，满足了测量精度要求，最大限度控制了测量中的误差。他还根据项目要求，设计出了实用、可靠的检具、量具，有效保证了测量的准确性，得到相关专家的好评。

公司在装配测量技术上接到大项目时，首先想到的是徐仲维，然而，徐仲维每次都没有忘记“传帮带”的责任和义务。

2011年9月，公司和武汉新能源接入装备与技术研究院签订了一项电机总装和调试的业务，徐仲维接到这项任务后，首先想到的是利用这次外派的机会打造技术骨干队伍，他带领30余名技术人员赴武汉进行为期3个月的电机总装。

项目实施中，徐仲维除了带头奋战一线外，几乎把主要精力都放在传授技术上，将自己的看家本领毫无保留地传授给同事。实践操作中，徐仲维经常会结合每个技术要点，提出一些关键性的技术问题，让大家集中智慧、开动脑筋、思考问题。通过这次现场锤炼，参与外派的30余人中将近一半成了行业的技术骨干①。

① 摘自《“工人发明家”手握8项专利》，《湖南日报》2017年1月20日，有改动。

第二章　工匠精神之热爱

2005 年 6 月，史蒂夫·乔布斯站在斯坦福体育场的讲台上，面对 23000 名斯坦福大学的毕业生做了一个简短的演讲，主题是自己人生中的经验教训。演讲进行到大概三分之一处时，乔布斯提出了一条建议：你需要找到你所爱的东西，成就大事的唯一方法就是热爱自己所做的事；如果你还没有找到，那么继续找，不要停下来。

乔布斯在斯坦福体育场的演讲被疯狂地传播，时至今日仍被人认为是乔布斯的经典演讲之一。总结来说，乔布斯认为年轻人需要“追随自己的激情”，“做自己热爱的工作”。我们将乔布斯的这条职业建议称为“激情假设”，即要获得职业幸福，关键是首先搞清楚自己的激情所在，然后找到一份与这种激情相匹配的职业。

第一节　热爱是一种情怀

无论做何事，如果对自己所做的事情无法投入情怀和梦想，没有热爱之情，那么看起来再有意思的事情，做久了也会让人感到枯燥和乏味。分析优秀工匠及其工作可以发现，在他们工作的过程中，除了能够看到他们的精湛技艺和专注的神情外，更能看出他们发自内心的快乐和享受。优秀工匠之所以能够在工作中保持一种一以贯之的积极状态，是因为他们能够将自己的情怀和梦想注入工作当中。

一个人只有将工匠精神所蕴含的情怀注入工作中，才能够享受工作过程中的快乐与愉悦；一个人也只有用梦想指引着自己的职业道路，才能够始终走在正途，向着一名优秀工匠的目标坚定前行。

我们来看下面的一个例子：

孟剑锋是北京工美集团的一名錾刻工艺师，他用纯银精雕细琢錾刻的“和美”纯银丝巾在去年北京 APEC 会议上作为国礼之一被赠送给外国领导人及其夫人。从业 20 年来，他追求极致，对作品负责，对口碑负责，对自己的良心负责，将诚实劳动内化于心，这是大国工匠的立身之本、中国制造的品质保障。

錾刻是我国一项有近 3000 年历史的传统工艺，使用的工具称为錾子，上面有圆形、细纹、半月形等不同形状的花纹。工匠可以用錾子在金、银、铜等金属上錾刻出千变万化的浮雕图案。

开好錾子仅仅完成了制作国礼的第一步，最难的是在这个厚度只有 0.6 毫米的银片上有无数条细密的经纬线相互交错，在光的折射下才形成了图案，而这需要进行上百万次的錾刻、敲击。“一定是一次就錾到家，不能半途停，你停了再起錾子的时候跟上一次尾部的那个錾子印不太一样。”孟剑锋说。

下手时要稳、准、狠，同时又要特别留神，不能錾透。上百万次錾刻，只要有一次失误，就前功尽弃。“赏心悦目这东西，所以说得把它做到极致，如果说做得不好，那干脆就不用做工艺美术行业了。”孟剑锋认真地说。

追求极致，这是孟剑锋给自己提的标准。北京APEC会议上送给外国领导人及其夫人的国礼中有一件看起来像是用草藤编织的果盘，里面有一条柔软的银色丝巾，丝巾上的图案清晰自然、赏心悦目。为了分别做出果盘的粗糙感和丝巾的光感，孟剑锋反复琢磨、试验，亲手制作了近30把錾子，最小的一把在放大镜下做了5天。支撑果盘还需要4个中国结作为托儿，工艺标准并没有规定它们必须是手工加工，技师们准备用机械铸造出来，再焊接到果盘上，但是铸造出来的银丝上有砂眼，尽管极其微小，孟剑锋心里却怎么也过不去这道坎。在他心目中，没有瑕疵，并且是纯手工，这才配得上是国礼。

倔强的他决定用银丝手工编织中国结，为此他的手上起了一层又一层的水泡。“第二天（水泡）干了以后用剪刀绞破水泡，可能第二天又起一个泡。”孟剑锋对记者轻松地说，妻子却在一旁悄悄抹眼泪。

如今，已经是国家高级工艺美术技师的孟剑锋对自己还有更高的要求，他觉得要干好工艺美术这行还应懂绘画，现在有时间就和爱人一起写生、练素描。孟剑锋说，有一天，他一定会拿出一个像样的绘画作品，就像做錾刻那样，他就是要超越自己，追求极致[①]。

① 摘自《大国工匠：北京工美集团的錾刻工艺师孟剑锋》，央视网2017年1月1日，有改动。

从上述的例子中我们可以看出，正是因为孟剑锋对錾刻有着十分的热爱，将自己的情怀注入其中，才最终成为优秀的匠人，为世人所铭记和赞扬。

每件工作都存在让人心动的地方，努力寻找和发现这些瞬间，引发自己的情怀，注入自己的梦想，就能够在工作过程中越来越投入，越来越享受，工匠情怀也会生成。

除此之外，我们还应尽可能地在工作中投入情感，这样才有可能让自己的工作感动他人、感动世界。有些人总是在工作中抱怨这、抱怨那，将工作看成一种养家糊口的手段，这些人往往一辈子与成为一名工匠无缘。一个人只有将自己最真挚的情感投入工作中，才会像对待自己最好的朋友、亲人一样对待工作，在工作的过程中用心与之沟通，这也是工匠情怀的一种体现。

当一个人在一件事情上注入情怀时，也就往往能够在做事的过程中不知疲惫、不计得失；当一个人在实现自己的梦想时，任何挫折和困难都将不再是难以逾越的鸿沟。将情怀注入自己的工作中，用梦想来引领自己前进的方向，我们最终将走出属于自己的工匠之路。

第二节 热爱是一种信仰

热爱应成为一种信仰，无论是对生活还是对工作。

真正的工匠会把热爱工作当成自己的使命，热爱工作是他们至高无上的信仰。正因为如此，他们才能成为优秀的匠人，拥有非凡的人生。

谁可以因为修车而登上美国《时代周刊》？谁可以与外国政要面对面地“侃车”，并在海外有以自己名字命名的节日？

他就是陶巍。从事汽修 40 年，陶巍被誉为“汽车神医”，2007 年陶巍被美国机动车工程师学会（Society of Automotive Engineers，SAE）认证为汽车诊断工程领域研究员资深高级工程师。在他的名片上可以找到上海汽车维修研发中心主任、上海幼狮汽车销售服务公司总经理、中国汽车维修行业协会副会长、国家质检总局汽车缺陷调查与鉴定召回专家等头衔和身份。除此之外，他还致力于为驾车一族维护权益和为国家培养高级汽车维修人才。

陶巍有“汽车神医”的美誉源于他对汽车疑难杂症“手到病除”的能力。许多在 4S 店修不好的名车，都可以在他的整修后恢复如初。一次，陶巍修复了当时国内仅有的一辆因故障而“沉睡”车库多年的劳斯莱斯牌汽车，美国《时代周刊》曾报道了此事。后来，他又把中华人民共和国成立初期陈毅担任上海市市长期间的专车——基本报废的凯迪拉克整修一新，因此有了名气，不少领事馆外交官员都慕名找上门来请陶巍修车。1998 年 6 月底，美国总统克林顿访问上海，所乘坐的高级防弹车突然无法启动，美国总领事馆找到陶巍，经过一系列检修后总统乘坐的汽车又可以安全上路了。从那时起，陶巍声名鹊起，他创办的“幼狮”高级轿车修理厂也成了在沪外国领事馆、外资公司、外商企业和外籍人士高级轿车定点保养、维修单位。

25 年来，陶巍的“幼狮”已经为在沪的 46 个外国领事馆和 100 多个外国新闻机构提供了检修汽车的服务。因为修车，不少外国官员都和陶巍成了朋友。在一些外交官员的举荐和穿针引线下，陶巍多次赴外学习、讲课和交流，先后成为美国麻省理工学院荣誉博士、底特律三角洲学院汽车维修国际高级教官，并获得了美国国会、加利福尼亚州政府颁发的最高“终身成就奖”等；陶巍在俄罗斯交流期间，俄罗斯总领事还特意安排了他与苏联领导人戈尔巴乔夫会面，同聊汽车；在加拿大，陶巍和他的“幼狮”与加拿大北阿尔伯塔理工学院共同就汽车维修技术培训等展开交流，埃德蒙顿市还正式宣布8月18日为该市的“陶巍日”。

身处汽修行业多年，陶巍发现维修市场的“李鬼”和4S店的“猫腻”真的不少，身为“汽修专家”的陶巍决定加入为消费者维权的行列。根据消费者的投诉，陶巍义务上门现场勘查280余次，解决了汽车自燃等案件60余件，为消费者挽回的经济损失达980万元。2014年，陶巍获得了2013年度“全国消费维权楷模”的荣誉称号。

据权威部门统计，至2015年11月底，我国汽车保有量已达1.04亿辆，成为仅次于美国的世界第二大汽车保有国，中国汽车维修市场蕴藏着巨大商机，但对于国内汽修企业来说，既是机遇也是挑战。

“国外汽修人才都是大学生，有的还是博士。而我国从业者文凭水平都较低，很多都是初中毕业。”陶巍主动肩负起了加快培养高级汽车维修人才的使命。他回顾了自己多年检修汽车的经验，不少高校都将他总结的汽车使用和维修理论作为教材使用。他还多次主动参与汽车专业组织的专业讲座，先后有1500多人接受授课培训。

2014 年 5 月，国家级陶巍技能大师工作室（汽车修理）批准成立。如今，陶巍还应邀担任了交通运输部机动车检测维修专业技术人员职业水平资格考试专家委员会副主任，全国机动车检测维修专业技术人员职业水平实际操作考官，全国交通运输行业机动车检测维修职业技能竞赛、全国职业院校技能大赛裁判长，上海交通大学、上海工程技术大学等 5 所高校的兼职教授。

陶巍认为，工匠精神的核心不是把工作当作赚钱的工具，而是对所从事的工作应有精益求精、精雕细琢的精神。陶巍说："其实，工作就是一种修行，在修炼的道路上，要耐得住寂寞，受得了冷嘲热讽，不断完善自己，把自己变得越来越强大。因为态度决定一切，细节决定成败。"①

陶巍将修车当成了一生的信仰，把不断钻研修车技术、培养高级汽车维修人才作为自己一生的追求，用尽毕生精力，用心经营，用心投入，而这种将热爱工作当成一种信仰和毕生追求之理想的精神成就了他不平凡的一生。

很多人一生碌碌无为，在最后回想自己一生的时候才发现，自己遗失了太多的东西。他们之所以碌碌无为而抱憾一生，并非因为才智不足或是生不逢时，而恰恰是因为他们缺乏一种将热爱工作当成使命、当成信仰和毕生为之奋斗的精神。

对于我们每个人来说，想要成就一番事业，想要站在自己事业的制高点，甚至成为行业的丰碑，唯有把工作当成使命，将热爱工

① 摘自《大国工匠陶巍的汽车人生》，中国网 2016 年 7 月 26 日，有改动。

作当成信仰，穷其一生去追求、去奋斗。

只有把热爱工作当作信仰，我们才能够真正从工作中收获快乐，并让这种快乐成为我们继续努力工作的动力，形成良性循环。如果认为自己之所以工作是生活所迫不得已而为之，那么肯定难以从工作中收获快乐，毕竟工作都是要付出劳动的，自然也就少了一些努力工作的动力，更谈不上成为一名优秀的工匠了。

第三节 热爱是一种斗魂

情结是指一群重要的无意识组合，或是一种藏在一个人神秘的心理状态中，强烈而无意识的冲动。

工匠的情结称为燃性。世界著名实业家、哲学家稻盛和夫曾解释燃性为燃烧的斗魂，是指对事物的热情。自燃性是指先对事物采取行动，并且其活力和能量能够影响周围的人；可燃性的人是指受到自燃性的人或其他已活跃起来的人的影响，能够活跃起来的人；不燃性的人是指即使能从周围受到影响，但也不为所动，反而打击周围人热情或意愿的人。

稻盛和夫大学时学的有机化学是当时最热门的专业，但他毕业时心仪的公司却并未录用他，无奈之下他应聘了松风工业。松风工业是一家生产绝缘瓷瓶、属于无机化学领域的企业。他被分配做新型陶瓷研究，而其他同事全是做企业核心产品的。没有像样的实验设备，没有同事和前辈的指导帮助，独自一个人去研究陶瓷的新材料，稻盛和夫真的提不起什么兴致，很难爱上这份工作。后来，由于辞职转行没有成功，他不得不留下来。既然结果无法改变，那就改变一下自己的心态吧！他试着投入工作中，就算无法瞬间爱上它，至少能减少一些负面的情绪。多年后，当他回顾这段心路历程时，他才发现，其实这样的转变就是在为“爱上工作”而努力。

当原本枯燥的研究被赋予了“也许全世界只有我一个人在钻研”的使命感后，就有了光环，从而在平淡无奇中闪闪发光。稻盛和夫从最初的被动工作变为主动工作，真正地喜欢上了这项研究，最后竟达到了“迷恋”的程度。

稻盛和夫不属于聪明人，初中、高中、大学考试常常不及格。他原本想当个医生，可是却只能在一个陶瓷厂找到一份工作。工厂濒临倒闭而发不出工资时，员工士气低落，常常以罢工来宣泄。与稻盛和夫一起的 4 个大学生全辞职了，稻盛和夫却留下了。他吃住在实验室，不断地想，不断地思考，一次又一次地在头脑中模拟推演，那些开始只出现在梦境里的东西逐渐清晰，最后梦境与现实的界限消失，难以想象的事情发生了：既无知识和技巧，又缺乏经验和设备的稻盛和夫，却做出了世界领先的发明，为快要倒闭的工厂带来了生机。

在旁人眼里，稻盛和夫的工作辛苦、繁杂、单调，令人无法忍受，可他却乐在其中。当一个人迷恋上了自己所做的事之后，哪怕环境艰苦、道路坎坷，也不会有怨言。一旦能够承受，坚持不懈地努力，就很容易做出成绩[①]。

① 摘自杨乔雅：《大国工匠：寻找中国缺失的工匠精神》经济管理出版社 2017 年版，第 80—81 页。

稻盛和夫在实践中摸索出了一个创造力方程式：

人生工作的结果＝ 能力×热情×思维方式

其中，能力主要指遗传基因及后天学到的知识、经验和技能；热情是指从事一件工作时所拥有的激情和渴望成功等因素；思维方式则指对待工作的心态、精神状态和价值偏好。

一个人和一个企业能够取得多大成就，取决于上述三个因素的乘积。由此可见，热爱一份工作在人成功的过程中起着十分重要的作用。

要具备“燃烧的斗魂”，内心一定要对所做的事非常热爱，甚至是迷恋。正如稻盛和夫所说，自己就是工作，工作就是自己，只有达到了这样的境界，才能全身心地投入其中，不疲不倦。

每个人在初入社会时，几乎都是从“自己不喜欢的工作”开始的，后来之所以会有巨大的差别，在于做事的心态：有的人得过且过、消极怠工、牢骚满腹，在日复一日的小消沉中湮灭了原有的才华；有的人却摒弃偏见，付诸努力，在转变心态的过程中爱上了自己的工作，找到了自己的价值。

乔布斯曾说过：“工作将占据你生命中相当大的一部分，从事你认为具有非凡意义的工作，方能给你带来真正的满足感。而从事一份伟大工作的唯一方法，就是去热爱这份工作。”

工匠典范——从技工学校走出的“大国工匠”

贾瑞兴，天津市天锻压力机有限公司数控车间数控加工中心操作工，高级技师、国务院特贴专家。多年来工作在一线，成功解决一系列加工难题和设备故障，确保每年两个多亿产值近百台大重型产品关键件的加工。他革新改进工夹、刀具 5 种，改进工艺路线、工艺方法

14 项，解决急难关键攻关 8 项，累计为企业创造直接经济效益1.1亿元。他先后荣获天津市劳动模范、全国五一劳动奖章、全国劳动模范、全国机械工业职工技术创新能手、中华技能大奖。

天锻压力机有限公司是目前国内制造液压机设备的三大专业厂之一，近年来为航天、汽车等国家重点项目提供了一系列大型液压机设备。贾瑞兴所在的车间正是液压机关键部件的生产车间。毕业于天津市机床公司技校的贾瑞兴刚到天锻时在小件车间做车工。“选择当技术工人确实是出于兴趣，小时候就好动手，喜欢自己做点小玩意。”贾瑞兴说，“当时技术工人待遇也高，又能掌握一技之长。”他虚心好学，不懂就问，对干的每一件活都用心、动脑，很快就掌握了车、钳、铣、磨、镗等工种的操作技术和各种刀具的使用、磨制方法，成为多面手。不断参加各种技术培训和练兵比赛的经历，练就了他超细长轴精加工、深孔油缸加工、多头螺纹蜗杆强力切削、复杂组合件工艺安排及加工等绝技，并代表天津市参加了全国青工技能大赛，获得车工比赛第二名。被调入新组建的数控车间后，面对两台采用德国西门子 840C 系统、机床操作面板全部是外文标志的加工中心控制系统，他用“快译通”帮忙，逐一了解各操作部位的功能，将面板“菜单”的内容全部背下来，然后一个动作一个动作地进行试验。“当时我和大学毕业的技术人员一起合作。”贾瑞兴说，“他们有理论知识，我提供经验、加工工艺，互相融合，取长补短。”很快，设备就开始正常运转并发挥强大的作用，使当时效益不佳的工厂重新焕发生机。

认真的态度和丰富的经验造就了贾瑞兴出众的观察力。厂里主打产品关键件的关键部位——定位槽的加工，一直耗时很长。贾瑞兴从铁屑颜色和形状判断，这种现象是进刀量不足造成的。这就需要平时认真观察、积累、总结。由于刀杆过长，为避免切削震动，才不敢加大进刀量。于是他通过缩短刀杆，增强刀具的刚性，把转数和进刀量调到合理状态，将加工时间由 16 小时缩短至 2 小时，既保证了精度，又提高了效率。

这些年来，贾瑞兴先后带过几十个徒弟和学员，他们大多成了单位的骨干。在他的带领下，刀补等数控加工中心操作基本技巧在员工中得到推广应用，他所在的车间承担了企业 90%以上大重型件的机加工任务，零件加工质量达到世界先进水平。“我现在就是想多培养些好苗子，技术工人的水平提高了，对厂里的贡献会很大。”贾瑞兴说，“荣誉就是动力，国家培养咱，咱就得好好干，踏踏实实干。”这位从技工学校走出的大国工匠将带领更多年轻人，共同扬起现代制造业人的梦想之帆[①]。

① 摘自《从技工学校走出的“大国工匠”》，《天津日报》2016 年 6 月 30 日，有改动。

第三章　工匠精神之专注

中国古代的思想家、教育家孟子教导他的弟子：“今夫弈之为数，小数也。不专心致志，则不得也。”意思是说，尽管下棋是一个小的技艺，但如果不能一心一意、心无旁骛地学，就不可能得到它的精髓。对于工匠精神，同样需要专注。

第一节　专注就是一心一意

从古至今，但凡在科学成就上有所突破的科学家，都需要数十年废寝忘食地研究、终身追求。例如，瓦特发明蒸汽机、居里夫人研究射线物质等等，无不是经历了几十年的艰辛努力，才取得了划时代意义的技术革命。

专于其心，一心一意，一次只做一件事，这意味着集中精力，注重目标唯一，不轻易因其他诱惑所动摇。若经常改变目标，或四面出击，往往不会有好的结果。

晚清著名学者郑观应在《盛世危言·技艺》一书中说：“泰西人

士，往往专心致志，惨淡经营，自少而壮而老，穷毕生之材力心思，以制造一物。”这里所说的泰西工匠一生只做一件事，从不三心二意，不见异思迁。对于弘扬工匠精神，就应如泰西工匠一样，对待工作、事业始终一心一意，专心致志。

秋晨微凉，早上不到7点，单嘉玖挎着包，走出旧鼓楼大街小石桥胡同的家，步行去故宫上班。她不疾不徐，不做任何停留，50分钟走完这段路。

从1978年到2016年，单嘉玖在这条路上走了一万三千多个日子，从初入故宫的20出头的小姑娘走到了即将退休的年纪。

跨过神武门，晨曦中的故宫，静谧安然。穿过几重宫墙，单嘉玖走进了科技部的院子。这里与开放区接踵而至、喧嚣不停的游客隔绝开来，静止的文物沉淀着故宫博物院百年来的静寂。

推开书画修复工作室的门，四张红色的长方大案依次排开，修复中的书画摊在案心。墙上挂着大大小小的排笔、毛刷，对着长案的白墙已经泛黄，上面贴满了修复留下来的纸边，已有三四十层厚了。

作为我国顶级的书画修复师，单嘉玖就在这里年复一年地修复着我国的珍贵文物。

书画时间久了，如同人老了生病了，难免出现断裂、破碎、糟朽、霉烂、沾损、残失等。故宫古书画修复对象为两大类：一是以传世文物为主的宫廷收藏，如《伯远帖》《五牛图》《清明上河图》；另一类是宫廷史迹，包括宫殿中的匾额，帝王臣工的书法、绘画。这些古物如果没有修复技术的保护不可能流传到今天。

1954 年，来自全国各地的著名书画装裱大师组建了故宫的第一套书画修复班底。单嘉玖的师傅、曾成功修复《五牛图》的孙承枝便是其中的一员。

1978 年，单嘉玖结束插队，回到北京，正逢故宫招收文物修复人员，她就这样成了新一代的故宫人，做了孙承枝的徒弟。

古人把书画修复形容为“病笃延医”，所谓“医善，则随手而起；医不善，则随剂而毙”，甚至提出“不遇良工，宁存故物”的主张。一幅古代字画的修复过程非常复杂，从清洗去污、揭背补缀、全色接笔，到最后的“上墙”、重新装裱成品等等，步步都是学问，一招一式都要看功力。第一天上班，孙承枝就把一沓纸往桌上一搁，上面放把马蹄刀，让单嘉玖把纸上的草棍、煤渣刮掉，还得保持纸张的完整和光洁，这一刮就是三个月。练完了刮，再练刷——用鬃刷在旧高丽纸上刷，不能刷破纸，不能刷出褶子。整整三年才能出师，才能接触文物。

修复书画时，时间仿佛是静止的，又像是长了翅膀。38 年来，经单嘉玖之手修复的古画有近两百件，每件古画的修复需要复杂的工序和漫长的周期，耗时最长的需要一年，最短的也要三个月。

单嘉玖曾修复过一件明代的绢本《双鹤群禽图》，画面上有许多虫蛀破洞。本来面对密集的小洞，可以用整幅绢托在画作后面，一下就能把所有的洞都补上。但是百年以后托补的这片整绢也会糟朽，就会与古人的画作粘连在一起而无法分离，后人也就再也没办法修复这张画了。为了古画生命更长的延续，单嘉玖选择一个洞一个洞地单个织补。这一补，整整四个多月才终于完成。

中国书画的装裱修复技艺已有1 700多年历史，基本上靠师徒的代代传承，连修复所用的材料都是特别定制的。配好合适的绢或纸后，清洗、揭背、托心、隐补、全色的过程则全部依靠手工。即使现在的科技已经有最新的成果，也不会贸然地使用在书画修复上。

如今，单嘉玖也成了别人口中的师傅，“我的老师传授给我的，我也希望可以都传给我的学生”。

单嘉玖的学生喻理是中央美术学院的研究生，跟着单老师工作已经两年半了。喻理说，最大的收获不是技术，而是深切体会到了老师傅们对文物的那种敬畏之心。

修复师这个行当，做师傅的很多时候身教甚于言传。单嘉玖的师辈们修复书画时，若是碰到连阴天气，虽是古稀之年，中午有时也不吃饭不休息，赶着把工作做完，就怕耽误了时间而使作品生霉。冬季供暖，工作室内温热干燥，把画卷贴在墙上绷平，时不时就得看一眼，一旦发现有的地方干得过快，就赶紧喷水，以防干湿不匀而导致爆裂。这些精神影响了单嘉玖几十年，如今她又把这一切传承给了自己的学生。

匠人匠心，正是这些大国工匠的热爱与专注，才给了古文物以价值，才有了历史的千古流传。这两年，故宫正在进行史上最大的大修工程，还有上万件古书画文物等着单嘉玖和她的学生们去修补。单嘉玖最大的心愿就是将传统的书画修复技艺完整地传给下一代，将完美的紫禁城代代传承下去。①

① 摘自《故宫修画师单嘉玖：一生只为一事来》，央视网2016年9月7日，有改动。

单嘉玖是一位泰西式的匠人，虽然没有什么能够让世人铭记于心的大成就，但是她对于事业、工作的专心致志足以使她成为一名优秀的工匠。

人生苦短，心无二用。世上看起来可做的事情很多，但真正能够抓住的却很少。一生只做一件事，把一件事做透，单嘉玖做到了。

第五套人民币毛泽东主席肖像的原版雕刻者马荣也是这样一位泰西式的匠人。几十年来，马荣的故事并不为外界所知，直到2016年4月28日晚，中央电视台播放的《大国工匠》专题片中才揭开了她“刀尖舞者，雕刻人生”的神秘面纱，让人们再次领略了“专心致志”的深刻内涵。

马荣说：“钞票雕刻永远没有学成的时候，我要将这把刀传给一个一生只做这一件事的人，因为我们拥有的是国家技艺。在钞票艺术的传承与创新中使凹版雕刻发扬光大，是我追求的‘终身成就’。”

一位一心一意植树防沙的退休干部用15年的专注做事诠释了另一种情怀的工匠精神。

图布巴图，蒙古族，65岁，其名意为坚韧，退休前担任内蒙古自治区阿拉善盟额济纳旗古日乃苏木苏木达（乡长）等职务，退休后在巴丹吉林沙漠边缘承包荒漠2000亩，坚持不懈地种树播绿。

15年来，图布巴图带领家人种植梭梭等沙生植物5万多株，集中连片500多亩，为巴丹吉林沙漠竖起了一道10多千米的梭梭围栏。图布巴图一家先后获得阿拉善盟“生态建设标兵”、自治区妇联“最美家庭标兵户”、全国妇联“全国最美家庭”、中央文明委“全国文明家庭”等荣誉称号。

辽阔阿拉善，茫茫戈壁滩。

内蒙古阿拉善盟额济纳旗东风镇，这个总面积3.4万平方千米、面积同海南岛差不多的镇子被巴丹吉林沙漠团团围住。东风镇的年降水量不足37毫米，蒸发量却高达3700多毫米。车开了两个多小时后，一大片绿色猛然映入眼帘。

车停下来，记者见到了内蒙古额济纳旗退休干部图布巴图，这个身高不足1.6米的老人从梭梭林下满脸笑容地向记者走来："欢迎欢迎，我就是图布巴图。"

2002年，古日乃苏木还没有并入东风镇。先后担任苏木达（乡长）、人大主席的图布巴图刚刚50岁，但工作已满30年。按当地当时的政策，可以告老还乡、享清福了。

工作时忙忙碌碌的图布巴图决定退休后先出去转转。到南方旅游时，有人问他从哪来的，"额济纳旗。""知道，不就是那个刮沙尘暴的地方嘛!"图布巴图听了心里很不是滋味。原本准备继续旅游的他不到一周便打道回府。

"我的家乡哪能这样被人记住呢。"图布巴图领着记者看沙地周边的芦苇，"我小时候，古日乃芦苇翠绿，是一大片湿地，只有从飘出的炊烟里才能找到苇丛里的蒙古包。骑着骆驼过林地，衣服常被茂密的梭梭挂住。"

然而，再好的生态环境也经不住人的折腾。伐木烧炭、粮食自给、换新树种……几个回合下来，古日乃苏木落得个"一干二净"。

大风一起，巴丹吉林的沙子就"活泛"了，沙尘暴遮天蔽日。"风起西伯利亚，沙起额济纳"一度成为媒体热词。"我当苏木达的那几年，主要精力都在抓牧业税入库，生态建设没放心上。"图布巴图开始反思，“结果，乡亲们没富起来，环境也变得更差了，我是欠了生态‘账’的。”

曾主导第二轮草原延包的图布巴图知道，在临近巴丹吉林沙漠 12 千米处有一块近万亩的荒漠。那片荒凉的土地上寸草不生、无人问津，常常有气旋卷起黄沙，滚滚而起直冲云霄，号称新的“大漠孤烟”，令人望而却步。

办退休手续的那天，图布巴图带上了去巴丹吉林边缘承包 2000 亩荒漠种树防沙的申请书。古日乃苏木领导看到申请书后哈哈大笑：“老领导啊，牧民们一辈子侍弄草场放牧牛羊，论身体、论经验哪点不比你这个当干部的强，人家都不敢揽这营生。您这小身板，小心别叫‘大漠孤烟’给吞了！”图布巴图听了不为所动，老伴也劝他：“去公司你是往回拿钱，去治沙可是往外掏钱啊！”图布巴图仍旧笑而不答，继续递上申请。同事们见他态度坚决，只得给他盖上了“古日乃苏木”鲜红的大印。

“我大学毕业后，有分在中央人民广播电台工作的机会，但我选择回到家乡古日乃。工作以后，我先后在额济纳旗水电局、经管站、财政局工作，我三次要求回到古日乃。”图布巴图对自己的选择无怨无悔，“退休了，到了人生的‘下半场’，我还要留在古日乃治沙种树，这是我的最佳选择。”

图布巴图不曾想到，他的选择遭到了家里人一致反对。

妻子陶生查干退休前是小学老师，身体一直不好。名字意为“草原之鹰”的儿子嘎啦雄浩尔早已“飞”到县城达来呼布，名字意为“沙漠之花”的大女儿洪格尔珠拉和名字意为“戈壁之花”的小女儿洪格尔朝格也“盛开”在县城达来呼布。平时聚少离多的家人本以为图布巴图退休后一家人就可以在县城团聚了。

图布巴图开始给妻子做工作："孩子跟着父母，他们就总有依赖，成长慢。再说了，父母跟着孩子，总被照顾，咱们也老得快呀。"知道妻子喜欢小动物，图布巴图特地买回了7只小羊羔，"等这几只小家伙长大了，咱们再回县城不晚。"

果然，7只小羊给陶生查干带来了"营生"：抱着弱羔喂料、领着强羔散步，"被需要"的老教师渐渐舒展了眉头。再看图布巴图，每天起早贪黑，一趟又一趟地往荒漠里背树苗、运水桶，老脸被沙地烤成了古铜色，双手被树苗扎得贴满了胶布。陶生查干圈起羊羔，出现在图布巴图种梭梭的土地上。

看到父母铁了心要治沙，图布巴图的几个孩子也开始回家帮忙。"我们说是回来帮爸妈干活，其实也干不了多少。"嘎啦雄浩尔笑得有点不好意思，"我现在担任了额济纳旗兽医站副站长，大妹妹在旗信用社也是骨干，小妹妹下乡担任大学生村干部，每天都很忙。但一有时间，我们就会回去帮他们种树。"

15年来，光是运水，图布巴图就骑坏了7辆摩托车。一开始用毛驴拉运塑料水桶，效率很低，后来他就改用摩托车拉运，最早的小摩托车能载8个8斤重的水桶。现在，图布巴图换了辆大摩托车并做了改装，一次就能挂载48个水桶。在种树的季节，每天往返四次就可以拉去192桶"甘泉"。

如今的2000亩荒漠里，超过图布巴图身高的树木已达1万多株，算上正在生长的树苗，图布巴图已给戈壁"绣"上了5万多株植物。

日子总是苦苦甜甜。绿色在延伸、畜群在扩大、孩子在成长的同时，图布巴图和陶生查干先后患病。由于常年骑摩托车载重，2009年图布巴图前列腺炎和胆结石并发，手术回来后他的身体大不如前。陶生查干则在2012年突发脑出血，一度不能说话，瘫痪在床。

妻子卧床期间，图布巴图成了护理员和炊事员。后来妻子病情好转，图布巴图就领着她在林地散步，告诉她，那棵长得慢的小树，他给起名叫“小老头”；那两棵胡杨，他给起名叫“钢艮好耶乐”，汉语意思是“美丽的一对”。陶生查干疲惫地笑笑，说不出话。他把旗妇联报选“全国最美家庭”的推荐表念给妻子听：“每年春天的种树季节，在阿拉善盟额济纳旗巴丹吉林沙漠边缘，人们总能看到两位老人身背水壶、手拿铁锹、埋头苦干的身影，他们就是原古日乃苏木的图布巴图和陶生查干夫妇……”陶生查干苦笑着摇摇头，还是说不出话。

2015 年 5 月 17 日，荣获“全国最美家庭”的图布巴图载誉归来，旗里的座谈会没开完就赶回去看望妻子，陶生查干孩子一样扑倒在他怀里，张了几次嘴试图说话。最后，真真切切地听见了她冒了一个字——“羊”，平生第一次，图布巴图的两行热泪扑簌簌地滚了下来。

初夏，梭梭的花开了。别人不知道，图布巴图知道。秋天，梭梭结籽了，图布巴图从苞里剖出种子，压在舌下，走过一个又一个的沙丘。含了 20 多分钟，拿出来一看，芽大了。图布巴图兴奋地蹦了起来，匆匆回到树下寻找，一棵棵嫩苗不就是小梭梭吗？他赶紧用砖头、石块、树根把小苗围起来。

“生态环境好了，野兔、野鸡、狐狸都来了。如果野兔咬了梭梭苗的根部，这株苗就完了。”图布巴图说，“除了防兔子，还得防轮子。一有车进来我就紧张，后来就用摩托车的废胎把幼苗圈住。现在我的沙地里有 50 多个废轮胎，都是标记用的。”

早些年，图布巴图夫妇每年的退休金不到 10 万元，可是 15 年下来，买苗、买车、打井、加油，就已经投进去 80 多万元。梭梭没长大时，为省苗木钱，他就开始了各种实验：把梭梭的枝条剪断，泡上两天，再埋到土里，也长出了梭梭；把胡杨的根挖下一节，再埋进土里，小胡杨也冒出来了。如今，留守在古日乃嘎查与他做伴的几位牧民都对他佩服不已，给挖根的地方起名“图布巴图胡杨坑”。

过去，图布巴图种树总要挖一个大坑，费时、费力、效率低。渐渐地，他摸索出了窍门，他用钢钎在荒漠上打一个洞，植入树苗、培土、浇水，省时、省力。“我当过赤脚医生，用粗针扎病人，病人肯定龇牙咧嘴。挖坑也是一样，洞太大，地也会‘疼’的。”

后来，又有专家来给牧民们讲解在梭梭林下嫁接苁蓉的要领，步骤是先把梭梭的根部剖开，放入种子再用薄膜缠住。图布巴图又动起了脑子：“我觉得有道理，但就是麻烦。后来试着只把苁蓉种子埋在梭梭附近，结果收获的苁蓉照样不少。”

“我在农牧林水领域专家会上不止一次讲过，农业科技一定要接地气。”额济纳旗副旗长陈铁军说，“我让他们少在实验室坐着，多来图布巴图的林地里走走。正是像他这样的土专家摸索出了适地适情的沙漠绿化之路。”

沙漠变得越来越绿，当地人也从绿色中发现了致富的门路，古日乃嘎查支书达布拉甘就是其中之一。从前他家只养骆驼，辛辛苦苦一年下来，却挣不了多少钱。后来，达布拉甘跟着老领导图布巴图学种梭梭、嫁接苁蓉，生态好了，钱袋也鼓了。现在达布拉甘一年的收入将近 40 万元。“村看村，户看户，牧民看干部。”东风镇副镇长田俊玲说，“现在古日乃嘎查有 100 多户牧民都投入到沙产业中，通过梭梭和苁蓉打通‘生态产业化、产业生态化’路径，户均增收 4 万元。”

过去，阿拉善盟每年沙尘暴肆虐几十次，现在不到 9 次了。“盟领导说了，阿拉善就是一个生态功能区，生态好了致富就有门路了。”先后获得“全盟生态文明户”“全国文明家庭”等荣誉的图布巴图觉得担子更重了，“我的 2000 亩荒漠还没绿化完。我还得多干几年，在这里竖起一道绿色屏障。”①

图布巴图用他的 15 年如一日的行动，不仅绿化了沙漠，而且给人们带来了致富之路。

不管什么工作，在一定时期内，我们的工作重心只有一个，要想完美、快速地达成目标，就只有专注于这个目标，在此过程中也许会有更加诱惑的事物出现，也许会有诸多杂事缠身，但我们要始终清楚工作重心所在，专注于我们的目标，收获我们想要的结果。

第二节　专注就是心无旁骛

工匠一生不为名利，甘于寂寞，心无旁骛，只求工作的一丝不苟、精益求精。

美国学者拿破仑·希尔说：“一个人追求的目标越高，他的才能发展就越快。一心向着自己目标前进的人，整个世界都会给他让路。”综观古今中外成功者的奋斗轨迹，当他们走向成功之前，大都

① 摘自《种活一棵树，就多了一个伴——记植树防沙 15 年的内蒙古额济纳旗退休干部图布巴图》，《经济日报》2017 年 8 月 28 日，有改动。

有着自己明确的奋斗目标，并能心无旁骛地坚持下去。

桥梁设计师桂婷用她的实际行动诠释了什么是“一生与桥相伴”。

“这个技术难题解决了，拼了一晚终于打了一场胜仗！”当清晨第一缕阳光透过玻璃窗洒在写满计算数据的图纸上，桂婷总是感到无比欣慰。

刚过不惑之年的桂婷已是中国铁建中铁上海设计院集团有限公司桥隧处总工程师、教授级高工。她主要负责铁路桥梁的设计与研究，并多次参与桥梁规范与行业标准的审查。至今，桂婷设计的桥梁有几百座，审查的桥梁有上千座。

桂婷所设计的作品曾捧得省部级科技进步奖 5 项、省部级“四优”设计奖 8 项，有专利 4 项。她本人则先后获得中国铁建第七届詹天佑铁道科学技术青年奖、上海市建交委城市之星杰出青年和中国铁建科技先进个人等称号。

桂婷说，每当看见自己设计的桥梁跨越彼岸，耳畔时常会响起学校里传唱的那首《铁道兵志在四方》。20 多年过去了，或许不变的，仍是当年的梦想、精神与情怀……

2012 年 10 月 28 日，作为桥梁设计师之一，桂婷受邀体验合蚌客运专线试运营。

一年前，由桂婷设计的九龙岗特大桥与官沟特大桥相继竣工，为合蚌客运专线奠定了坚实的基础。

随着合蚌客运专线的开通，安徽至环渤海、长三角等地区的时空距离骤然缩短，真正发挥出“承东启西、连南接北”的独特区位优势。

坐在合蚌高铁上，窗外的风景如走马灯在眼前闪过，桂婷恍若回到22年前，从家乡出发的那个清晨……

安徽金寨，一个位于大别山腹地的山区县，全国希望工程的发源地，出生于此的桂婷常觉得自己是幸运的。

桂婷的父母都是乡村教师。教育，在他们看来是万万不可耽误的。

1990年，桂婷听从父亲的建议，报考了石家庄铁道学院桥梁工程专业。那一年，母亲带着桂婷从安徽合肥辗转到山东德州，乘上去往河北石家庄的火车。

一张坐票、一张站票，整整一夜，桂婷未能合眼。那是桂婷第一次坐火车，第一次走出曾经熟悉的山区，第一次来到一座陌生的城市。

交通信号灯，在桂婷的印象里都是极其少见的。兴奋、期待、紧张、害怕，她的内心夹杂着太多复杂的情绪。母亲离开学校后，桂婷大哭了一场。

多年后，桂婷才真正懂得父母寄予她的期望。“或许因为从未走出过大山，在我父辈那代人内心，他们太明白一条铁路、一座桥梁，对于一个地区的发展意味着什么。”

2007年，由桂婷负责设计的湖南湘潭莲城大桥正式通车。这座横跨湘江的特大桥贯通两条国道，使过境车辆无须经过市中心，在极大缓解交通压力的同时拉近了长株潭三市之间的距离。

2008年，桂婷在昌九城际铁路永修特大桥设计中首次采用刚架系杆拱结构。一年后，全线的头号控制性工程——永修特大桥顺利合龙。如今，昌九城铁已成为南昌与九江两地民众往来的主要交通线。

2010 年，桂婷编制的《时速 350 公里高速铁路单线简支箱梁》与《时速 350 公里高速铁路单线圆端形桥墩》通用参考图填补了国内高速铁路建设的空白，打破了单线高铁运营速度的最高纪录。

2013 年，京杭运河特大桥完工，桂婷攻克了宁启铁路复线上这个难度系数最大的工程。今年，她受邀乘坐宁启铁路首列时速 200 千米的动车，这条线路将构成我国“八纵八横”铁路主通道之一。

“做好‘十年磨一剑’的思想准备，才有可能崭露头角。”从进入桥梁行业开始，桂婷就更注重经验的积累。她清楚，想在行业内有所建树，不可能一蹴而就，更不会一夜成名。

2002 年，桂婷接到湘潭莲城大桥的设计任务，这是她第一次独立设计大跨度桥梁。此前，她在中铁第四勘察设计院担任了 8 年的“救火队员”。

“凭着年轻的激情和学习能力，领导交办的任何事情我都敢于承担。”在设计院的前辈眼里，再棘手的任务交给桂婷，她都能想方设法地完成。

每座大桥的建成都是一次技术创新的过程。莲城大桥正式施工前，桂婷已不记得熬过多少个埋头设计的夜晚。

莲城大桥横跨湘江，主跨达 400 米，项目总负责人提出拱桥与斜拉桥结构相结合的设想。桂婷将这一构想完美运用到设计之中，既展示了新颖的外观造型，又使两种桥型的优点相互补充，大大提高了桥梁的跨越能力。作为我国第一座斜拉飞燕式组合拱桥，湘潭莲城大桥作为经典案例被写入教材。

唯创新者进，唯创新者强，唯创新者胜。习近平总书记曾指出，创新始终是推动一个国家、一个民族向前发展的重要力量。

“桥梁行业的发展永无止境，唯有与时俱进地学习现代技术，勇于创新，才能设计出体现‘中国智造’的世界级桥梁。”在桂婷看来，创新是桥梁发展永恒的主题。

收集气象、水文、地质、规划等大量基础资料；确定合理的桥式、桥跨方案；进行桥梁结构计算和模型试验……设计前的每个阶段，桂婷从未有过丝毫松懈。“创新是一个大胆假设、小心求证的过程。”当时，在桂婷的办公桌上，莲城大桥的初步设计文件足足摞了 1 米高。

2004 年，莲城大桥进入施工阶段后，工地设计组组长的重任再次落在桂婷肩上。可不久后，父亲被诊断出胆囊癌晚期的消息给了桂婷沉重一击。

至今，桂婷的记忆总是定格在父亲被推出手术室的那一刻，因为每一次手术后，不是照顾，不是陪伴，而是离开。“9 个月后父亲还是走了，可就在父亲最后的这 9 个月，我能陪在他身边的日子屈指可数……”父亲成了桂婷难解的心结。

后来，母亲告诉桂婷，父亲住院的那段时间，坚持要把莲城大桥设计效果图带在身边，“这是我女儿设计的!”他兴冲冲地向每个探病的人展示。

父亲始终以她为骄傲，虽然桂婷没有亲耳听见，但父亲的那份心意与期待，她都懂。

2008 年，桂婷经历了职业发展的又一转折点。中铁上海设计院集团聘请桂婷担任桥隧处总工程师，作为一线工作管理者的人选之一，而另一个人选则是桂婷的丈夫。

“我是踩在他的肩膀上成长起来的，丈夫的支持和理解给了我莫大的动力。”虽然桥梁设计是两个人共同的理想，但机会只有一个，桂婞的丈夫选择把机会留给了她。

“亲情是固有的，爱情是靠追求的，而桥梁行业则是爱情与亲情的双重投入。”这是桂婞与后辈谈心时常说的一句话，“一个人在30岁以前需要决定自己是否要将一辈子奉献给这份事业，一旦确定，30岁以后就应该选择爱上它。此后，你遇到的任何困难，也只不过是追求爱情时，对方的一次撒娇而已。”

阿尔法狗是否能运用于桥梁建筑行业？桂婞认为，目前，我国铁路桥梁工程上部结构已经基本实现了标准化、工厂化。“我国是一个桥梁大国，更是一个桥梁强国！没有哪一个国家，在如此复杂的地理、地质环境中，建造出如此丰富的桥梁。特别是近10年的高速铁路桥梁建设，更是独占鳌头。”

2015年，桂婞承担起大直径管桩应用关键技术研究，致力于实现铁路桥梁下部结构的现代化。“这项研究已经跳出设计的范畴，标准化设计、工厂化生产、装配式施工、信息化管理这些内容都要一一解决，对我来说，很多方面都是从零开始。”

这个关键技术研究的成功与否，直接关系到一个行业能否革新的问题，桂婞所面对的压力可想而知。“开弓没有回头箭，创新不能仅仅停留在想法。我相信我的伙伴们，团队的力量是无穷的。”

今年全国“两会”上，京九高铁被列入国家“十三五”规划纲要草案，这条跨越大半个中国的高速铁路引起了无数人的热切关注。

“上世纪90年代，由于技术限制，京九铁路无法穿越大别山的阻隔联通到安徽金寨。我希望能与家乡人民共同努力，争取能抓住此次京九高铁的发展机遇。”如今，家乡金寨成了桂婷最大的牵挂[1]。

每个人成功的路上都充满了各种各样的诱惑，如果不能坚守内心，抵御住诱惑，就不能坚持到底，也就难以有最后的成功。在桥梁设计的路上，桂婷坚守住了内心，用实际行动表达了对桥梁工程事业的热爱，更诠释出了工匠精神的专注。

心无旁骛，一心盯紧自己的工作，要努力培养专注品质。专注是一种锲而不舍的精神，是一种百折不挠的毅力。一个具有专注品质的人往往懂得珍惜时间、珍爱生命，总是会全神贯注、专心致志地做事业，从而创造出非凡的成绩。

第三节　专注就是专心致志

人的一生只有短短数十年，在短暂的时间里唯有把全部的精力用在一件事上，方能做到极致。用 10 年的时间坚持做一件工作，磨炼一门手艺，一个人就能成为专业的行家；用 20 年的时间做好一件工作，一个人就能成为行业的专家；而用一辈子只做一件事，一个人就很有可能在自己的领域中让其他人望尘莫及了。

专注于一件事，看似简单，其实是对毅力与恒心的考量。可以想象，一辈子只做好一件工作会是一个怎样漫长、枯燥、无趣，甚

① 摘自《“桥梁设计师”桂婷：一生与桥为伴　“工匠精神”绘制大国桥梁》，中国青年网 2016 年 6 月 15 日，有改动。

至绝望的过程。

被誉为“魔幻厨王”的王军用“一万次的坚持，换来一次成功”的唯精唯一，悟透了面条的“灵性”，实现了尚技立身的职业理想。

王军 13 岁的时候父亲就去世了。为了减轻母亲的负担，王军带着 15 元钱到城里寻找生计。他没有技术，没有体力，最终被一个面店老板收留，管他吃饭，给他一个睡觉的地方。在这里，他怀着感恩的心，努力地干着一个孩子能够干的所有杂活。

随着年龄的增长，在换了几家饭店后，他终于成为后厨一名专做拉面的面点师。也是从那时起，他渐渐地萌生了一个念头：“如果我的工作随时可被人替代，那我就没什么价值了，要做就要做到最好，让别人无法超越。”2004 年，18 岁的王军在中央电视台春节联欢晚会上看到了一个杂技节目——高车踢碗。他对这个节目印象非常深刻，当时就想，如果将杂技和拉面糅在一起，让客人在享受美食的同时，还能得到快乐，不是一件可以尝试的事情吗？他当即辞职回到老家，将自己关在家里，用刀叉碗筷等厨具、餐具练习各种杂技动作整整一年零三个月。他经常受伤，浑身贴满了膏药，但是他知道，只有让自己彻底“沉”下去，绝无二心，才有可能成功。

王军认为，用厨具、餐具练杂技，是不可能超越专业杂技演员的，但拉面是自己的本行，必须做到最好。

王军说：“正常拉面是 8 扣或 10 扣，每多拉一扣，困难就会增大很多。但面条又是有‘灵性’的，只要掌握了面性、水性，就能做出与众不同的面条。我掌握了这个‘灵性’，再加上成千上万次的练习，现在我能拉到 16 扣到 18 扣，就是说，1 公斤的面粉，我能拉出 6 万多根面条，加起来有 468 公里长。”

从小立志做一个“无可替代”的有自己独特价值的厨师，十几年过去了，王军一直怀揣着这个梦想，每天做着同样的事情。他说，有时非常烦躁、孤独，但当自己的努力得到客人认可时就立刻充满了力量。

现在，王军是拉面最长、最细、最快3项吉尼斯世界纪录的保持者，他的现场拉面结合了厨具、餐具的杂技表演别开生面。这让他登上了中央电视台的舞台，走出了国门，被媒体誉为“魔幻厨王”。

他说：“我是一个农村来的孩子，一路走来，是技能改变了我的人生。对技能的崇尚，让我知道执着、专注的意蕴，就是不断练习、不断改进，一次不行就十次，十次不行就一百次，甚至一千次、一万次，绝不动摇！用一万次坚持换一次成功——值得！”①

王军的故事表明，专心致志是一种高贵的工作状态，是对事业的一种执着坚守。

美国著名人际关系学大师戴尔·卡耐基在分析了很多人事业失败的案例后得出结论：年轻人事业失败的一个根本原因就是精力太分散。事实的确如此，很多失败者几乎都在好几个行业中艰苦地奋斗过，如果他们的努力能集中在一个方向上，把该做的工作做到位，那就足以使他们获得巨大的成功。

工匠典范——煤矿“机电大王”的传奇人生

在好莱坞电影中，人们总能见到一些险象环生、紧张得让人几乎窒息的场景。而在现实中，能亲身经历类似场景的人并不多。

① 摘自人力资源社会保障组织编：《工匠精神读本》，中国劳动社会保障出版社2016年版，第50-52页。

杨杰是个例外。

在煤矿工作了30多个年头，杨杰经历过许多危急场面，有几次甚至到了鱼游沸鼎的地步。而千钧一发的时刻，扮演“神秘大侠”的总是杨杰。

“神奇本领”力挽狂澜

2006年12月的一天晚上9时左右，早睡觉的人已经钻进了暖和的被窝里。其时，淮北矿业集团朔里矿正处在上夜班职工交接班的时候。

提升机缓缓地向井口移动着，26名下井的工人和13名上井的工人分别坐在各自的罐笼里。毫无征兆地，提升机突然掉电了，工作闸也始终敞不开，在离井口还有96.3米的位置，提升机停了。

39名工人被突然困在井筒中，没有办法与外界联系，也没有通道能上来或者下去。

井口周围围满了等待下井的职工，一种惶恐的气氛在全矿范围迅速弥漫开来。要是不能快速处理电气故障，39名被困职工的生命安全将受到严重威胁。

处理电气故障的高手陆续来了，时间一分一秒地过去，现场气氛越来越紧张。

半个小时过去了，技术人员终于找到故障点。排除故障需要立即更换一个调闸模块，可这个模块几天前被调用到别的矿上去了。如果从其他矿井调用模块，最快也要两个小时。最快的办法是改变外部控制线，但同时需要改编提升机程序。提升机程序是煤矿所有电控中最复杂的，也是所有提升机电控厂家技术保密的核心。现场的人不要说改写程序，连能看懂程序的都是少数。

关键时刻，矿领导想到了杨杰。当时，杨杰正在集团公司职代会驻地休息。接到电话后，杨杰火速赶往现场。

更改程序对杨杰来说并不很难，但风险较大。出于技术保密考虑，提升机厂家一般会严禁用户更改程序，同时会申明：谁若更改程序，出了事故就由谁负责。

面对生命正在受到威胁的 39 名职工，矿领导果断拍板：改！

仅仅几分钟时间，程序就改好了。现场欢声雷动，39 名矿工安全走出罐笼。

离这次惊险场面相隔不到一年时间，杨杰又一次用他的“神奇本领”力挽狂澜。

2007 年 8 月，朗里矿对井下中央变电所 20 台高压开关柜进行技术改造。整个改造的时间窗口被严格限制在 20 小时以内。如果超过规定时间，地下涌水将会淹没矿井。

改造过程进行得相当顺利，只剩下最后调试运行的环节了。就在这时候，麻烦来了——中央变电所总进线高压开关柜无法送电。

此时，危险正一步一步逼近矿井，地下涌水水位一点一点上升，一场可怕的灾难眼看就要发生。

按照接线安装图及原理图检查了好几遍也查不出任何问题，厂家技术人员紧张得浑身颤抖，连一向镇定的杨杰也不停地用深呼吸来缓解自己紧张的情绪。

凭直觉，杨杰判断这又是一个靠图纸不能排除的疑难杂症。“肯定有控制点没有在图纸上标出。”按照杨杰的判断，厂家技术人员又仔细检查一遍，果然发现了一个在图纸上没有标明的预留控制端口。几乎在故障排除的同时，观察水位人员在慌乱地叫喊：“水快要淹没泵房了！”

从“菜鸟”到“机电大王”

屡屡扮演“救星”角色的杨杰现在是淮北矿业集团朔里矿机电科的一名高级技师。他是党的十八大代表、全国劳动模范，享受国务院特殊津贴，是一名不折不扣的煤矿“机电大王”。

其实，刚上班那会儿，仅仅读完初中的杨杰甚至连“菜鸟”级的机电工也算不上。

1984 年，17 岁的杨杰来到朔里矿成为一名副井绞车司机。与同龄人不一样的是，杨杰酷爱学习。为了避免同伴们过来玩耍浪费时间，杨杰在自己的床头贴上一幅字：闲谈莫过三分钟。

有一年冬天，杨杰一边泡脚一边看书，结果忘记了时间，一只脚在水盆里，一只脚在水盆外看了一夜的书。

在短时间内，杨杰依靠自学啃完了 20 多本矿井提升机方面的专业技术书籍，记下了数百个电子元件符号和电路图，积累了 30 多万字的读书笔记。

跟着书本学，跟着师傅学，遇到问题爱琢磨，问题不解决绝不罢休，“菜鸟”机电工终于成长为远近闻名的“机电大王”。

工作 30 年来，杨杰实施大小革新项目 200 多项，其中 13 项创新成果获国家专利，11项创新成果获得国家专利申请受理通知书，1项达到了世界先进水平，2项刷新了全国纪录，2项填补了全国煤炭行业空白，2项获安徽省重大合理化建议和技术改进成果奖，创造经济效益8650多万元。

2009年10月，杨杰在淮北矿业集团公司网上开设了“杨杰e族”网站。他把自己在工作中处理故障和技术改造的经验与心得总结成文字材料，制作成形象直观的程序图，放在“杨杰e族”网站上。职工只需按程序或操作说明进行操作，就能将杨杰的“绝活”进行复制。

2010年5月，国内首个以一线工人名字命名、培训现代工业自动化控制技术的PLC实训工作室——“杨杰讲堂”开班，填补了全国煤炭行业PLC现代工控设备实训的空白。杨杰劳模创新工作室也成为安徽省唯一一家首批晋级国家级的“技能大师工作室”。

出了名的杨杰经常受邀到各地传经送宝。在传授技术的同时，杨杰更喜欢传播自己的理念：一个人的成长就是在不断地“跌倒”与“爬起来”之间完成的，成功与失败的距离或许就是相差一个“爬起来”①。

① 摘自《煤矿“机电大王”的传奇人生——记淮北矿业集团高级技师杨杰》，《工人日报》2015年4月22日，有改动。

第四章　工匠精神之勤奋

韩愈是唐代杰出的文学家、思想家、哲学家、政治家，位列唐宋八大家之首，他在《劝学解》中说："业精于勤，荒于嬉；行成于思，毁于随。"意思是说，学业由于勤奋而精通，却荒废在嬉笑声中；事情由于反复思考而成功，却能毁灭于随随便便。

第一节　业精于勤荒于嬉

古往今来，多少成就事业的人来源于业精于勤荒于嬉。战国时期的苏秦开始虽有雄心壮志，但由于学识浅薄，去了许多地方都得不到重用。后来他下决心发奋读书，有时读书读到深夜，实在疲倦、快到打盹的时候，就用锥子往自己的大腿上刺，刺得鲜血直流。他用"锥刺股"的特殊方法驱逐睡意，振作精神，坚持学习，后来终于成了著名的政治家。凿壁偷光、囊萤映雪……这样一个个通过勤奋好学最终取得功名的例子告诉我们，学问和品行的精疏成败关键在于"勤"和"思"，要想有一番大作为，在事业上的取得精进和成功，就必须下苦功夫学习钻研，成为佼佼者，这样才能在竞争者中脱颖而出，攀上人生的巅峰。

梅兰芳先生是中国京剧史上成就最为辉煌的表演艺术大师，被公认为“京剧四大名旦”之首。他艺术成就的取得，固然与他的艺术天才，与他的家传、师教等分不开，同时也与他本人学艺的虚心求教、刻苦钻研、精益求精、勤奋学习有着密切的关系。

梅兰芳小时候拜师学艺，师傅说他眼睛没神，不是唱戏的料子。原来他小时候眼睛有轻度的近视，不仅迎风流泪，而且眼珠转动不灵活。但梅兰芳学艺的决心没有动摇，他养了几对鸽子，每天一清早，他就给它们喂食，然后放飞。梅兰芳站在鸽棚旁，眼睛随着鸽子的飞动而转动，循苍穹而视，尽力追踪越飞越远的鸽群，直至鸽子的踪影在遥远的天际消失。10年之间，他从未间断，持之以恒，终于恢复了视力，练出了眼神。后来，他在舞台上一双大眼睛灵动明亮，神采飞扬。梅兰芳的眼神最能传达人物内心的细腻感情，人们都说梅兰芳的眼睛会说话了。

梅兰芳以塑造各种妇女的舞台形象名闻遐迩，他为此可谓呕心沥血。最初，他对表现女人的吃惊老觉得不够理想，尽管他多次揣摩、反复试验，总不能将女人猛然吃惊的神态恰如其分地表现出来。

一天，他回到家中，看到妻子正在聚精会神地整理衣服，忽然想到，如果冷不防地发出一声巨响，她必然会大吃一惊，一个女人吃惊的神态不就自然而然地表现出来了吗。于是，他随手抄起身旁的一只兰花瓷盆，狠狠地往地上一摔。“咣当”一声巨响，妻子被吓得惊叫了一声：“哎呀!”将手中的衣服掷了老远，半晌才说出话来。

在这一瞬间，梅兰芳准确地捕捉住了妻子的神情、动作。他据此反复琢磨、练习，将女人受惊后那种惊叫的神情、动作，恰当而又巧妙地融进他有关的表演中，将人物刻画得更加活灵活现。

学艺需要指导，需要帮助，因而需要老师。许多人以为只有那些对自己艺术循循善诱、赞扬宣传的人才是自己的老师。梅兰芳不是这样，他有一句名言："说吾孬者，乃吾师也!"表现了他在学艺过程中的态度与宽阔胸襟。这句名言是怎么来的呢?

有一次，梅兰芳在某大戏院演出他的拿手好戏《杀惜》，"好!好!"场内喝彩之声不断。可是，梅兰芳却在满场赞许声中注意到一个衣着朴素、年近六旬的老先生连连摇头。梅兰芳看在眼里，记在心里。戏完以后，他来不及卸装，就用包车将老人请到家中，恭恭敬敬地说："说吾孬者，乃吾师也！先生说我不好，必有高见，定请赐教，学生决心亡羊补牢。"这位老先生见梅兰芳如此诚恳谦虚，十分感动，便严肃地对梅兰芳说："梅先生饰演的剧中人阎惜姣上楼与下楼的台步，按梨园规定，应是上七下八，可你为何却演成八上八下？请问这是哪家传授的？……"梅兰芳听了恍然大悟，深感自己的疏忽，连声称谢不止。

以后，梅兰芳每到该地演出，定请这位老先生到戏院前排就座，看戏指教，对他的批评指正总是虚心接受、细心揣摩，对自己的演技精益求精，追求完美无疵。

经过勤学苦练，梅兰芳终于成为世界闻名的京剧大师。他的演唱雍容华贵、典雅清丽，世称"梅派"①。

① 摘自《中国人才》1998年第2期，第32-34页，有改动。

正是因为梅兰芳的勤学苦练，才使他有了后来的成就，成为独成一派的京剧大师。无疑，梅兰芳是京剧这一行中的优秀工匠，我们应学习他勤奋好学的精神，学习他不断精进的品质，并将之用于我们的生活和工作中，这样我们的生活和事业都会有所成就，成为后继的工匠。

人生在世，有着太多的梦想，要想实现这些梦想，需要付出很多精力和时间，更需要付出比别人更多的努力，才能最终取得竞争的胜利。与其将易逝的流年耗尽在无用的事物中，倒不如将其倾注进勤奋的钻研中，以使自己走得更远。

伟大的发明家爱迪生说："天才就是百分之九十九的汗水加百分之一的灵感。"成功是每一个人坚定不移的追求，但要成功并不是那么容易的，成功是汗水和血水的结晶，是苦尽后的甘甜。要想获得成功，就必须付出比他人更多的努力，这也是工匠精神所倡导的勤奋精神。

第二节　将勤补拙总输勤

伟大的成功与辛勤的付出总是成正比的，有一分付出就会有一分收获，后天的勤奋可以弥补先天的不足。"勤能补拙"的意思是勤奋能弥补先天的笨拙而最终获得成功。

古今中外，有很多"以勤补拙"的例子，如伟大的发明家爱迪生、我国汉代的匡衡、苏联作家奥斯特洛夫斯基、我国清代的曾国藩等。

爱迪生在上小学时就被老师称为“智能低下的人”，只上了三个月的学就被迫离开了学校。但他并没有因此而丧失信心，反而以顽强的意志勤奋学习。他花费比别人多几倍的时间来学习和工作，用汗水终于浇开了成功之花，成为了举世闻名的大发明家，为人类奉献了1000多项重大发明，对科技的进步和社会的发展做出了巨大的贡献。

我国汉代的匡衡幼时家境贫寒，他非常爱好读书，可没有钱买烛夜读，而他家的邻居虽然每晚都灯光明亮，却有高墙相隔。于是，匡衡凿壁穿孔，借光读书。后来，匡衡终于成为一位有大学问的人。这就是“凿壁借光”的故事。匡衡的客观条件如此之差，可是他后来却成长为一位学识渊博的人，靠的是什么？答案是主观努力。

再如，众所周知的苏联作家奥斯特洛夫斯基在全身瘫痪的困境中仍然写出了不朽的著作《钢铁是怎样炼成的》。主观努力的重要性又得到了充分的体现。

我国清代学者曾国藩是中国历史上最有影响的人物之一，但他的小时候天赋不高。有一天他在家读书，对一篇文章不知道重复读多少遍了，还没有背下来。这时他家来了一个贼，潜伏在他的屋檐下，希望等他睡觉之后捞点好处。可是贼等啊等，就是不见他睡觉，还是翻来覆去地读那篇文章[①]。

天道酬勤，意思是说，上天偏爱于勤奋的人，付出的努力一定

① 摘自学习型员工·素质建设工程教研中心：《传承工匠精神　争做优秀员工》，企业管理出版社2016年版，104-105页。

会有所回报，也说明了机遇和灵感往往只光顾有准备的大脑，只垂青于孜孜以求的勤勉者。有耕耘就会有收获，只要不懈努力，最大限度地完善充实自己，千方百计地提高自己的竞争实力，就会有一个美好、光明的明天。

不要因为自己笨拙而灰心丧气，只要勤奋，就能弥补天资的不足。如果一个人知道自己笨拙，却又不努力，就是自己放弃了自己。俗话说："在山脚下徘徊的人，永远到不了山顶。"而一个人若是知道了自己的笨拙，却能够夜以继日地勤奋努力，不受外界影响，永不放弃，那他终将获得成功。

对于工作，勤奋能让一个平凡的员工有机会成为一位优秀的工匠，勤奋能让一个不起眼的岗位展现不一样的精彩。更重要的是，一个岗位、一个企业拥有了一批勤奋的员工后，就能获得发展的动力、创新的源泉。

在工作中，我们每个人都应拥有平凡的心，将自己当作一只"笨鸟"，严于律己，勤奋努力，尽自己最大的努力将事情做好、做精、做细致。做事情、做工作，要像一名优秀的工匠那样一丝不苟、认认真真、勤勤恳恳，将工作做到完美极致，这样定能成为行业中的精英，成为一名优秀的工匠。

第三节　积跬步以至千里

富兰克林说："推动你的事业，不要让你的事业来推动你。"

人都有懒惰之心，但是切记不要让懒惰占据思想的主阵地。懒惰，从某种意义上来讲，就是一种堕落，像精神腐蚀剂，慢慢地侵蚀着人的心灵。对于懒惰的人来说，要想成就大事基本上是不可能的，因为懒惰的人总是贪图安逸，遇到一点风险就止步不前。懒惰的人通常缺乏吃苦实干的精神，总是存在偷懒和侥幸心理，总是希望“天上掉馅饼”之类事情的发生。然而，事实证明，这样的事情根本不会发生，只有勤奋才能成为拯救他的最后希望。

及至今日，人类在任何领域的成功者，他们获得的荣誉、地位，创作的杰出作品都是长年累月勤奋工作的结果。他们之所以比其他人更加优秀、更加出众、更加不同寻常，是因为他们有着一般人所没有的品质——勤奋。

我们要深知“罗马并非一天建成的”的道理，真正完美极致的作品、真正精湛的手艺、真正伟大的成就，需要日积月累，一步一步地完成。

“不积跬步，无以至千里；不积小流，无以成江海”，这句古训深刻表明勤奋积累是通向成功的必经之路。

周东红是中国宣纸股份有限公司的捞纸高级技师。1986 年，他作为学徒工站到了捞纸的水槽边，这一站就是 30 年。2015 年，他走进中央电视台《大国工匠》专题片，成为一名“国宝级”的大国工匠。

著名国画家李可染曾说过：“没有好的宣纸，就做不出传世的好国画。”一张宣纸从投料到成纸，需要 100 多道工序。决定宣纸成败的工序是捞纸，周东红就是一名捞纸工，国内不少著名的书画家都点名要他做的宣纸。

所谓捞纸，是两个人抬着纸帘在水槽中左右晃动，一张湿润的宣纸便有了雏形，整个过程不过十几秒。但是宣纸的好与坏、厚与薄、纹理和丝络就全在这一“捞”上。

周东红说，这叫“一帘水靠身，二帘水破心”。双手要摆到水面上，不要动，像绳子一样吊着，然后整个手抬起45°角，抬到齐肩那么高。要从正中间下水，用双手舀水往前走大概15厘米的深度。

上下一两指的是做成的每刀宣纸的重量不能超过上下一两的误差，也就是说做成的每张宣纸的重量的误差不能超过1克。周东红说：“这30年来，我捞的每一刀纸误差都不超过一两，这就是我的手艺。”

周东红和他的搭档每天要重复这样的捞纸动作1000多次。

周东红现在是当地出了名的捞纸大师，每年经他手捞出的纸就超过30万张，没有一张不合格。其实，他在刚进厂时差点放弃了这个行业。当时他和另外一个同事起早摸黑干了1个月，竟然没完成任务，于是就打了退堂鼓。

但是周东红是一个很要“面子”的人。他一想，自己好不容易从一个农民变成了国有企业的技工，在亲戚朋友眼里也算是个有出息的人，如果辞掉工作怎么有脸回去见人。从此，他静下心来拜师学艺，勤学苦练。

周东红说，那时候每天早起一点，冬天把手伸到冰冷刺骨的水里，即便是长了冻疮也要下水捞纸，勤学苦练，就为了找到那种感觉。妻子张晓霞说他：“凌晨两点起床就去捞纸了，捞到下午五六点才下班。”

周东红说，最初从事捞纸行业，是为了生计，但是这么多年下来，他已经慢慢地爱上了这一张张宣纸。

周东红现在考虑的是怎样能把这门手艺给好好传下去。赵志刚是周东红的徒弟，和他同一批拜周东红为师的有10个人，因为工作单调枯燥，还要起早摸黑，现在徒弟已经走了一半。

周东红说，宣纸是老祖宗留下的东西，已经有1500多年历史了，一张宣纸从投料到成纸需要历经300多天、18个环节、100多道工序。但是现在他和他身边做宣纸的人都已经越来越老，愿意学这行的年轻人却越来越少。

周东红说，如果自己换一种工作，不一定能干到现在这个成绩。"中国有句古话说行行出状元，我能坚持到现在，我心里不也是一种荣誉感吗？"

捞了一辈子纸的老周不久前获得了他人生中的第一个全国五一劳动奖章。虽然在造宣纸这个行当周东红已经是响当当的人物，但是无论酷暑严寒，他依然坚持每天都长时间下水捞纸，他说只有这样才能让手的感觉一直在。

周东红说，他不知道什么是工匠精神，但他知道要做好一件事，就必须勤学苦练。也正是带着这个念头，30多年来，经周东红捞的近千万张纸没有一张不合格。不忘初心，方得始终，周东红在传统技艺上的精益求精和极致追求，让他不仅体会着劳动的快乐，也增添了传承人类非物质文化遗产的自豪①。

---

① 摘自《捞纸大师——周东红》，央视网2015年5月5日，有改动。

与其他优秀工匠一样，周东红从事着普通且平凡的工作，但仔细一想，就能够悟出他说的“我不知道什么是工匠精神，但我知道要做好一件事，就必须勤学苦练”所蕴含的道理——勤奋，一步一步地积累终能成就事业。

周东红从未想过有朝一日能够成为宣纸制作行业中的标杆人物，更不曾想到有一天能成为“国宝级”的大师，他只是在对待工作时勤勤恳恳、踏踏实实，正是他的一步步积累最终成就了他不一样的人生。

实践证明，成功的最短途径是勤奋。每天多做一点点，每天多点努力，会最大限度地发挥出你的天赋。多一点努力，便多一点成功的机会。但需要深知，每天多一点努力并不是停留在口头上，而是要付诸实践，落实到实际行动中。

在工作中，经常会听到有人说：“我干的也不比别人差呀！”产生这种想法的原因是差距不大。事实上，差距就是不大，就差那么一点，即“四个一点儿”（每天早来一点儿，晚走一点儿；工作多干一点儿，干得好一点儿）。

著名投资专家约翰·坦普尔顿对上述现象进行了深入的研究，总结出“多加一盎司定律”工作原理。他指出，取得突出成就的人与取得中等成就的人几乎做了同样多的工作，他们所做出的努力差别很小，只是“多加一盎司”，但是其结果是，所取得的成就及成就的实质内容方面却是天渊之别。

“多加一盎司定律”实际上是一条使人走向成功的秘诀和普遍规律。

尽职尽责地完成自己工作的人最多只能算是称职的员工，如果在自己的工作中再“多加一盎司”，就可能成为优秀的员工、成为优秀的管理者，将会有数倍于一盎司的回报，这是毋庸置疑的。

“多加一盎司”事实上并不是什么难事，既然已经付出了99%的努力，再“多加一盎司”又何妨呢？在实际工作生活中，我们往往需要的那一点责任、一点决心、一点敬业的态度和自动自发的精神。

人这一生，时时刻刻都会想要成功。想要享受阳光的洗礼，就不能一味地等着上苍的眷顾；想要活得精彩，就不能原地踏步、止步不前，而是应付出更多，把握每次的机会。如果能在分内的工作之外再多做一点，不仅能彰显自己勤奋的美德，还能使自己拥有更加强大的生存能力和更广阔的生存空间，能够更加轻松地走向成功。

工匠典范——高铁研磨师宁允展

CRH380A型列车曾以世界第一的速度试跑京沪高铁，是李克强总理向全世界推销中国高铁携带的唯一车模，可以说是中国高铁的一张国际名片。打造这张名片，有一位不可或缺的人物，他就是高铁首席研磨师——宁允展。

486.1千米，这是380A在京沪高铁跑出的最高时速，刷新了高铁列车试验运营速度的世界纪录。

如果把高铁列车比作一位长跑运动员，车轮是脚，转向架就是腿，而宁允展研磨的定位臂就是脚踝。

每片转向架的重量为1.1吨，定位臂落在4个车轮的节点上，每个接触面不足10平方厘米，当列车以时速300千米运行时，接触面承受的冲击力有二三十吨。缝隙大了，车轮可能会松脱；如果完全焊死，转向架就无法再打开，影响列车检修。

宁允展负责的这道工序，不只在中国，在全世界所有高铁生产线上都要靠手工研磨。按照国际标准，留给手工的研磨空间只有0.05毫米左右，相当于一根细头发丝。过去的10多年，宁允展就在这细如发丝的空间里施展着自己的绝技。

定位臂磨小了，转向架落不下去；磨大了，价值十几万元的主板就报废了。宁允展的同事说，宁允展的绝活也正在这里，他可以像绣花一样，把切口表面隐约的竖线织成一张纹路细密、摩擦力超强的网，“0.1毫米的时候，国内有十几个人能干。到了0.05毫米，别人都干不了了，目前就只有他能干”。

宁允展魔术师般的手传承了父亲的基因。他的父亲是村里的铁匠，宁允展小时候经常跟着父亲帮乡亲们打磨家具，也因此从小就喜欢上了学手艺。

初中毕业后，宁允展考上了铁路技校。没有想到的是，2006年，他会被万里挑一，成为第一名学习380A型列车转向架研磨技术的中国人，宁允展对技术的掌控和精准把握使日本专家都竖起了大拇指。

宁允展成了高铁研磨的第一把手，很快还当上了班长。可是，没过多久，他却找到领导说：“不想当班长，还是让我干活吧。”他说，自己对管理不感兴趣，感觉还是自己擅长的东西比较拿手。

宁允展的家距离工厂有近半个小时的车程，他和妻子的交流基本都在每天上下班的路上，因为一到家，他又开始忙了。在这个30多平方米的小院里，大部分的“地盘”都是宁允展的，磨具是他自费在网上买的，为了练手艺。一开始，妻子并不理解。因为宁允展一干就到晚上八九点钟，她不理解丈夫为什么下了班还要忙这些。宁允展的女儿面对记者也直言不讳，表示长大后不想干爸爸干的活。

6岁的孩子有着自己的世界，宁允展说，他理解女儿的想法，就像当初，正是因为父亲尊重自己的选择，他才如愿考进了铁路技校。父亲希望宁允展做一个能独当一面、单位离不开的技术能手，经过20多年的努力，他做到了。

2010年是380A准备冲高速的关键一年，这一年身患白血病7年的父亲第三次入院，宁允展虽然意识到，和父亲在一起的时间不多了，可是他不能天天陪在身边。得到父亲去世的消息是在下班的路上，当时他难受极了。

随着380A冲刺高速成功，宁允展投身到更高速度列车的生产，并在工作中不断地研发新项目、新工艺，先后获得5项国家级技术专利。

宁允展说，工匠就是凭实力干活，实事求是，想办法把手里的活干好，这是本分。他说，要把这份手艺继续干下去，干到自己干不动为止。

一心一意搞技术，不当班长不当官，宁允展似乎与当下很多人有着不同的追求。宁允展说：“我不是完人，但我的产品一定是完美的。”做到这一点，需要一辈子踏踏实实做手艺。

如果每一件中国制造的背后，都有这样一位追求极致完美的工匠，中国制造就能够跨过“品质”的门槛，跃升为“优质制造”，让更多的中国产品在全球市场释放更耀眼的光芒①。

① 制版《高铁研磨师——宁允展》，央视网2015年5月4日，有改动。

第五章　工匠精神之严谨

中国象棋中有一句话是“一步走错，满盘皆输”，就是说做人做事一定要严谨，考虑周到，然后再行事。这也是工匠精神的内涵之一。

第一节　严谨就是一丝不苟

对待工作，要本着一丝不苟的态度，这是一种优秀的工作态度，更是一种工作方法和工作哲学。一个人从平凡到优秀，再到成为众人口中的成功者、优秀工匠，其实只有一个秘诀，那就是做事严谨、一丝不苟。

俗话说：“世上无难事，只怕有心人。”有心，既是指能够用心发现机会，也是指对人对事有着严谨的态度。在中央电视台《大国工匠》专题片中，王军就是这样的一位“有心人”。

当前，中国制造业已经进入深度调整转型期，中国决心实现“中国制造”到“中国创造”的转换。要成功实现这一转型，“创新”

二字至为关键。而创新的完成需要依托千千万万一线工人的高度责任心和锐意进取心。

宝钢股份有限公司（以下简称“宝钢”）热轧厂王军就是千千万万技术工人中的一位。年届不惑之年的他用一串扎扎实实的数字诠释了当代钢铁工人的价值——拥有先进操作法 5 项、技术秘密 42 项、技术革新 130 项，获国家受理或授权专利发明 186 项，获 PCT 国际专利授权 8 项，每年带来的直接经济效益超亿元。

坐落在上海市浦东新区浦电路 370 号的宝钢是中国现代化程度最高、最具竞争力的钢铁联合企业，成立 38 年来为国家经济社会发展做出了巨大贡献。

19 岁怀揣八级钳工梦的王军刚从上海宝钢工业技术学校毕业就被分配到宝钢，在 2050 热轧精整线做剪刃组装工。在旁人看来，这种辅助岗位劳动强度大、技术含量低，很难熬出头。但王军认为，即使没机会成为八级钳工，也要做最优秀的剪刃组装工。

正是这种朴素的职业追求、积极的职业心态，促使王军日后在原本不起眼的岗位成长为一位工匠大师。

“魂都掉在厂里了。”这是同事对王军日常工作的简单概括。王军把专注集中投射在机器上，在很多人眼里冷冰冰的机器设备，在他眼里都是有血有肉、有感情的。“这么多年对机器属性已经很了解，它们什么时候‘渴’了、什么时候‘饿’了，很快就能发现。”王军说。

层流冷却的关键技术是整个钢铁行业中的难题，这项技术之前被德国和日本两国所掌握，若要把它完全引入国内，至少需要耗费 2.3 亿元。一位同事好意“提醒”王军说：“兄弟啊，你怎么敢挑战这种世界级难题？”此外，也不乏“一个技校生怎敢做这么大的项目?”的质疑。

对于旁人的“冷水”，王军一笑而过，暗下决心一定要完成这个挑战，于是顶着压力把项目接了下来。从立项到正式开发，再到一轮轮技术革新，他一忙就忙活了近10年。在技术研发期间，因为是每3分钟20余吨热轧板材的现代化连续大生产主轧线，在现场做实验、搞研发，一旦创新过程中出现失误，随时都可能发生批量的质量和设备事故，影响正常的生产速度，一旦生产线停下来，损失无法估量。压力巨大的王军曾经有3个月没回家，日夜兼程、奔波在设备制作和调试的现场。

几经尝试，王军最终攻克下了层流冷却技术。“这项发明可以提高0.8%的钢材成材率，同时还可以节约水、电的消耗。以生产500万吨来计算，足足可以多增加4万吨成品材。”就这项技术所能带来的效益，王军兴奋地算了一笔账。

匠人精神的核心在于专注，专注的目的就是要将产品做到极致。王军在一次次的创新中感受到生命的脉动。他不仅做事认真，十分谨慎，而且怀着一种对科学技术的敬畏。

“像科学家那样去工作”是王军的座右铭，也是他给自己订立的人生信条。王军强调，一个技术工人不仅要懂技术，还要懂理论，要像科学家一样去思考、去工作、去创新。

王军认为，与科学家相比，一线技术工人更具有得天独厚的实验条件。“创新是技术单元的巧妙结合，工厂有现成的装备和现场，就是现成的实验室，而且工厂是全厂员工一起努力探索，十分了解这些机器的特性和“脾气”，一旦做成功立刻就能产生真金白银的效果。”

“蓝领科学家”，这是宝钢同事对王军的评价。王军获得的诸多创新奖项，更是用事实证明这个评价是中肯的。例如，王军获2007年度国家科技进步二等奖、2013年上海市科技进步二等奖，享受国务院政府特殊津贴，荣获第七届全国技术能手和全国劳动模范等荣誉，国内外发明展获奖35项、金奖18项，近5年创直接经济效益6亿元。

王军还和中国经济网记者分享了一个他曾经与科学家“交锋”的故事。2007年，单位安排王军参加国家科技奖的评审，王军赶紧摆摆手说：“这么高规格的评奖我怎么能去，那是只有科学家才可以登上的殿堂，而我只是一个工人，不要‘害’我啊！”但领导下达指令是必须去。当王军把自己科研成果介绍给现场的几十位评委和专家之后，有院士提出了非常深入的问题，王军从自己的研究和体会一一回应，没想得到院士当场拍案叫绝。

在王军眼中，创新从来不是社会精英、科学家的“分内事”，创新同样可以成为一线工人的“专利”。正是凭着这样的信念，在公司近30年的时间里，王军先后申请国家专利208项（已受理186项，其中已授权155项）、申请PCT国际专利12项（已受理12项，其中已授权8项）、获宝钢技术秘密认定42项、获国家软件著作权登记2项，在安全、环保、节能等方面的诸多创新成果替代进口并达到国际先进水平。正如王军所言：“从我身上可以看到，再普通的岗位都能创新。‘中国制造’要转变为‘中国创造’，就要依靠大家不断创新。”

王军还有一个重要创新项目是液压系统核心备件高压柱塞泵技术研发及其应用，正是这个项目给国内第一条热轧全产线三大液压伺服系统用上了“中国心”。

人类供血离不开心脏，而轴向高压柱塞泵就是轧机液压系统的心脏。但2050全产线装机97台全依赖进口，有的型号每台单价就要超过50万。

高压柱塞泵技术起源于热轧厂科研项目“热轧2050精轧液压伺服系统压力稳定研究及其对穿带稳定性影响的研究”，该项目创新成果——轴向柱塞泵在宝钢热轧、厚板、炼钢、钢管和冷轧等生产线得到应用，大幅降低了备件成本、增加了液压系统压力稳定性、提高了液压系统的控制能力，取得了良好的效果和经济效益。

目前，项目研制团队已将关键液压元件轴向高压柱塞泵拓展至全系列，并先后开发了DRG、DFR、LR等变量方式，使该系列产品系列化、多元化，以适应不同工况的使用要求。特别是其修复技术突破后，宝钢就能进一步实现降本增效和快速响应机制。

为了能够用上中国人自己的关键核心备件，王军在该重点创新项目不知不觉中已坚持了整整8年。

作为一名钢铁工人，王军的愿望是在世界冶金钢铁发展史上留下中国人的印记，宝钢成为全球最具竞争力的钢铁企业，王军所在热轧厂将成为现代热连轧技术引领者的目标作为所有热轧人的愿景。对刚刚年满50岁的王军来说，未来10年还要在创新的道路上继续干下去。他透露，未来还将完成一项重要突破，这项突破不一定是全新的技术，但肯定会在此前创新基础上实现更好的发展。

王军常说：“一人进百步，不如百人进一步。”在宝钢的一个车间一隅，有一间以王军命名的创新室，里面放着3张小桌，可用于开会、讨论、座谈，面积不大的创新室却具有巨大的能量。

王军创新室成立于2008年10月28日，人员构成以现场一线工人为主，包括10名一线工人和5名现场技术人员。王军创新室通过传、帮、带，使技艺技能得到传承，不仅培育出3名宝钢工人发明家，更为企业或社会培养750名以上青年技术技能骨干。

王军受聘宝钢人才开发院兼职教授，为宝钢和社会培养大量技能人才，主持国家级技能大师工作室，所在部门获国家专利750项、国内外各类创新成果奖87项，近5年创直接经济效益13亿元。据工作室同事介绍，算上未被加入的部分，创造的经济效益已经远超15亿元。

王军以学习与创新为人生坐标，积极主动参加技术传帮带活动和创新方法的传播，业余担任王军创新室负责人、宝钢员工创新活动基地创新指导志愿者和8家员工创新工作室导师，负责编写了近15万字的创新培训教材，每年承担技师和创新骨干培训任务近40次、超过3000人，王军作为宝钢员工创新活动指导志愿者，足迹遍布宝钢，影响更多工人走上岗位创新的道路。据宝钢人才院统计，王军近6年完成的培训人数就达1.6万，在他周围形成一支创新业绩和能力突出的蓝领创新团队。

王军创新室成为更多宝钢人通过团队合作展开技术攻关的平台。王军说："虽然现在的工作环境比原来好很多，但压力依然很大，只有良好的团队合作氛围，才能应对随时出现的各种技术难题，光靠我一个人是做不了这么多的。"

在王军的理念里，这一代工匠做得好不好，要看下一代做得好不好，因为师傅是否言传身教到位很关键[①]。

① 摘自《大国工匠王军：宝钢"蓝领科学家"为机器装上"中国心脏"》，中国经济网2016年7月25日，有改动。

王军对工作的一丝不苟成就了他“蓝领科学家”的荣誉，更为中国创新开创了新的天地。

在世人的眼中，“德国制造”是出了名的，代表着精致、完美、质量可靠，而这与德国人严谨、一丝不苟的工匠精神是分不开的。对于德国人来说，“完美”似乎是不存在的，无论一个产品做到怎样的极致，都会存在使其变得更好的可能性。我们所熟知的舒马赫、穆勒、施耐德等姓氏在德语里面都代表着一门手艺——制鞋匠、磨坊主、裁缝等。在德国，有 837 家“寿命”超过 200 年的企业，在世界范围内仅次于日本。“德国制造”就如同精品保证，这种信任感的建立离不开在德国备受推崇的工匠精神，离不开德国人对人、对事的严谨。

世界上没有平凡的工作，而只有平凡的人心。我们没有必要用这样或那样的标准把工作分成“普通工作”和“重要工作”。作为工作者，无论从事什么样的工作，都应做到一丝不苟、认真完成，这是最基本的责任和义务，更是成为一名优秀工匠的先决条件和重要基础。

当看优秀工匠的履历时，我们会发现，没有人不是从最普通的岗位上走出来的，关键不在于他们从事什么样的工作，而在于他们以怎样的态度工作。坚持一丝不苟的工作态度，即便是最普通的工作岗位，也能成就工匠的伟业。

第二节　严谨就是追求完美

有人说，凑合是一种态度，无关对错。但是对于工作来说，凑合就是一种致命的缺憾，是严谨最大的“敌人”。

严谨就是不凑合、不将就，严谨就是一种严肃认真、细致周全、追求完美的工作态度。小到圆珠笔的“圆珠”，大到C919整机，都离不开工匠们的细致、严谨，都不是凑合能够带来的成就。

在宁波贝发笔业生产线上，每年有30亿支圆珠笔下线，这个数字放大到全国是380亿支。作为世界上最大的圆珠笔生产国，光鲜数字的背后，却是核心材料高度依赖进口的尴尬局面。

宁波贝发集团品质部经理徐君道说：“笔尖钢我们一般说的就是笔头部分。我进入制笔行业以来，笔头不锈钢材料都是从日本进来的，不仅是国内，国外的制笔材料不锈钢材料也是日本的。”

笔头分为笔尖上的球珠和球座体。目前，直径为0.5~1.0毫米的碳化钨球珠，我国不仅可以满足国内生产需要，还大量出口；但直径仅有2.3毫米的球座体，无论是生产设备还是原材料，长期以来都依赖瑞士、日本等国家。我国每年要生产380亿支笔，需要用12万每吨的价格进口1000多吨生产笔尖的钢材，付出外汇1500万美元。

来自瑞士公司的笔头一体化生产设备生产一个小小的圆珠笔头需要20多道工序。笔头里有不同高度的台阶和5条引导墨水的沟槽，加工精度都要达到千分之一毫米的数量级。

“笔头的关键部位，比如碗口，它的尺寸精度都是在两个微米，它的表面粗糙度要求在0.4微米，这样一个技术要求。”宁波贝发集团品质部经理徐君道说。

在笔头最顶端的地方，厚度仅有0.3～0.4毫米。极高的加工精度对不锈钢原材料提出了极高的性能要求，既要容易切削，加工时还不能开裂，小小的笔尖考验着中国制造。

为了给数百亿支圆珠笔安上“中国笔头”，国家早在2011年就开启了这一重点项目的攻关。

太钢集团技术中心高级工程师王辉绵认为，要制造笔头，必须用很多特殊的微量元素把钢材调整到最佳性能，微量元素配比的细微变化会影响钢材质量，最佳配比找不到，中国的制笔行业永远都需要进口笔尖钢。

为了提炼材料，太钢集团技术中心高级工程师王辉绵说：“因为开发这个产品没有可借鉴的资料，一个成分的配比都是从几十公斤开始提炼，各种成分加入多少，这个次数没法统计了。”

笔头产品的生产工艺是国外企业的核心机密，王辉绵他们必须自主开发一套前所未有的炼钢工艺。没有任何参考，只能不断地积累数据，调整参数，设计工艺方法。

突破的灵感来自家常的“和面”，面要想和得软硬适中，就要加入新“料”，相对应地，在钢水里就要加入工业添加剂。普通的添加剂都是块状，如果块状的添加剂能变细变薄，钢水和添加剂就会融合得更加均匀，就可以增强钢材的切削性。

经过5年数不清的失败，在电子显微镜下，太钢集团终于看到了添加剂分布均匀的笔尖钢，试验于2016年9月取得成功。大规模炼钢 10 多次后，第一批切削性好的钢材终于出炉了。这批直径为 2.3 毫米的不锈钢钢丝可以骄傲地写上“中国制造”的标志。

在贝发笔业的测试实验室，工作人员正在对用太钢集团的原料生产出来的笔芯进行极限测试，在同一个角度下，每支笔芯都要连续不断地书写 800 米而不出现断线情况，这已经是对这一产品的第六轮测试。

如今一些笔头企业已经开始使用太钢集团生产的笔尖钢，其在未来两年内有望完全替代进口①。

圆珠笔的“圆珠”虽然是很小的一个零件，但是在中华人民共和国成立到自主研发成功的这几十年时间内一直依赖进口，不仅花费了数额惊人的费用，还给我们这样的泱泱大国带来了“生产不出一个小小圆珠”的劣名。

现在，我们终于能够制造出自己的“圆珠”，甩开劣名的同时，需要感谢为此“不凑合”“不将就”的工匠们，正是因为有了他们的严谨，才有了今天的成就。

同理，对于飞机零件的加工，更需要严谨的态度。对此，胡双钱深有体会。

胡双钱，上海飞机制造有限公司高级技师，数控机加车间钳工组组长。2016 年，55 岁的他不仅亲身参与了中国人在民用航空领域的首次尝试——运 10 飞机的研制，更在 ARJ21 新支线飞机及中国新一代大飞机 C919 的项目研制中做出了重大贡献。在 35 年的从业生涯中，他加工的数十万个零部件竟没有一个次品，他也

① 摘自《搞定！中国终于造出圆珠笔头　有望完全替代进口》，央视网 2017 年 1 月 9 日，有改动。

由此被人们称为“航空手艺人”。大部分人认识胡双钱是通过2015年劳动节期间央视的特别节目《大国工匠：国产大飞机的首席钳工胡双钱》。而每当有人当面提起这个称谓时，胡双钱总是很不好意思地说：“不敢当啊！我身边优秀的人有很多，都能得到这样的荣誉，我只是比较幸运而已。”

35年，经手数十万个零部件，竟无一次品，胡双钱口中的这份幸运来得并不容易。

在胡双钱工作的厂房里，布满了现代化的数控机床加工设备。对比之下，胡双钱和他的钳工班组显得不那么起眼，他们使用的大量手工工具也像老古董一样陈旧，但正是这群人担负起了大飞机制造过程中不可缺少的关键一环——对重要零部件的细微调整。哪怕是到了科技发达的今天，这些精细活仍然只能靠手工完成。

胡双钱1980年来到上海飞机制造厂参加工作。对于从小就喜欢看飞机的他来说，能够有机会参与制造飞机是再好不过的事情了。可是刚到工厂，胡双钱就遇到了工作生涯中的第一个难题，在技校学习铆工的他却被分配到了钳工的岗位。“虽说跨了专业，但也是由于当时情况特殊，自己也没有多想。当时的活比较多、比较杂，根本不能挑，那个时候就是往上冲，有什么干什么，不懂的就去问，觉得每一次都是锻炼自己。”胡双钱回忆起那段时光，还是抑制不住地高兴，似乎只要能让他参与制造飞机，做哪个工种他都不会介意。

刚入厂的胡双钱非常幸运地亲身参与并见证了中国在民用航空领域的第一次尝试——运10飞机的研制和首飞。可是好景不长，由于种种原因，运10项目最终下马，工厂由此进入了一段无活可干的艰难期。

“那段时期，正好是我个人成长的黄金期，学习能力和创造能力都十分旺盛。”胡双钱说。同厂的许多同事都倍感前途渺茫，纷纷奔向了发展势头正旺的民营企业。然而制造飞机的梦却一直在胡双钱心中回荡，对于梦想的坚守让他最终选择留了下来。

好在他工作的数控机加车间还能接到一些民活的单子，解决了一部分收入问题，也让胡双钱的双手没有闲下来。“那个时候，我们干活很杂，做过电风扇，也做过大公共的座椅！”对于那个阶段，胡师傅虽然有些惋惜，却也并不觉得浪费，“用造飞机的技术来生产民用产品，那质量是绝对有保障。”在他眼里，不管是飞机零件，还是民用产品，只要是经手的活儿就一定要认真对待，不求急、不求快，“慢一点、稳一点、精一点、准一点”地把每一个零部件加工好。

终于在 20 多年后，当国家启动 ARJ21 新支线飞机和大型客机研制项目时，胡双钱几十年的积累和沉淀终于有了用武之地。

2003 年，胡双钱开始参与 ARJ21 新支线飞机项目。这一次，他对质量有了更高的要求。他深知 ARJ21 是民用飞机，承载着全国人民的期待和梦想，又是国内“首创”，风险和要求都高了很多。

不管是多么简单的加工任务，胡双钱都会在干活前认真核校图纸，操作时小心谨慎，加工完后多次检查，不仅保质保量地完成了加工任务，还凭借多年积累的经验和对质量的执着追求，在零件制造中大胆进行工艺技术攻关创新。

有了在支线飞机项目中的经验和成绩，在接下来的 C919 大型客机研制项目中，胡双钱有了更大的自信和斗志。

2015 年 11 月 2 日，C919 大型客机首架机正式下线，这标志着中国自主研发大飞机的梦想终于实现，而这对于担任大飞机制造的首席钳工技师胡双钱而言同样意义非凡，这也标志着他坚持了35年的梦想再次实现。

胡双钱的手艺和职业道德，不仅在工作中得到了工友们的钦佩，同时也获得了各级政府部门的认可。工作35年来，胡双钱先后获得全国劳动模范、全国五一劳动奖章、上海市质量金奖等荣誉称号，更在2015年10月13日被授予“全国敬业奉献模范”称号。

现在，胡双钱除了坚守在生产一线外，还承担着培养年轻人的任务。“经历了那一段困难时期，厂里目前出现了人才断层，老的老，小的小。现在最关键的是要把老一辈的技术留下来。”由于个人的成长经历，胡双钱格外重视自己的这份责任，“当时我进厂时，没有师傅带，自己吃了不少苦头，现在有机会了，一定要给年轻人提供更多的帮助。”

一枝独秀，并不是胡双钱追求的结果，他认为一个好的集体必须是芬芳满园的，只有这样才能把工作真正做好。胡双钱现在负责的“大国工匠”工作室中就有很多年轻人，而他总是惦记着如何让他们收获更多更快的成长。

在培养年轻人的方式上，胡双钱有自己的风格。他说，自己绝不会直接告诉年轻人如何操作，而是让他们去反复思考和琢磨，在关键的时候才会点拨。“要是什么都告诉他们了，反而是不好的，没有自己的思考，那就是拿来主义。千万不能让年轻人产生依赖性。”听起来，胡双钱是严格的，但他也说，具体还要看每个人的情况，最终还是会让他们有一个好的结果。

提起带过的徒弟，他是骄傲的。胡双钱亲自带的好几拨徒弟现在大多都成了业务骨干。其中有一位叫黄鼎的，跟着他学习了十几年，现在都已经是副班组长了。

“以前车间里的加急件和特难件都得等着我来做，而这几年，慢慢地年轻人也都能做了。我觉得这就是很好的现象!”在胡双钱眼里，个人荣誉并不重要，自己的活儿少了，说明集体的力量壮大了。

“现在，有了更好的机会让年轻人去积累经验了。”胡双钱说，“虽然老人在培养新人时已经做到毫无保留了，但由于过去年轻人都是在生产空客和波音的成熟零件，锻炼的机会始终不够。幸好，现在有了C919，80%的零部件都是咱们第一次设计生产，这就给年轻人提供了一个绝佳的锻炼机会。”

胡双钱的生活一直很简单，现在每周有6天在工厂里，平时与家人相聚的时间并不多，唯一的一张全家福还是2006年拍的。一年多前，胡双钱一家从住了十几年的30平方米老房子搬了出来，贷款买了上海宝山区的70平方米新房。胡双钱坦言，自己带给这个家庭的并不多，家人的支持让他感到非常知足。

胡双钱带领的“大国工匠”工作室在2015年参与创建了上海市“劳模创新工作室”，更大的平台能够得到更多的资源，这让胡双钱的团队能实现更大的目标。还有5年，胡师傅就要退休了，但他却并没打算退下来，他说接下来还有很多事情要做，不仅要继续坚守在一线，为C919的生产提供零部件，还要培养更多的优秀年轻人才，并带领工作室进行技术攻关，生产更多的新产品。

55岁的胡双钱在介绍未来的工作计划时，坚定而兴奋，大有一种非做不可的气魄。当最后问他什么是工匠精神时，胡双钱非常认真地说：“在我心里，工匠精神就是不断追求和打造出精致与完美的精神。而‘打造’这个词代表的就不是简单，不是短期，所以必须要有一份坚守的精神。”

一场造飞机的梦，胡双钱做了30多年，从青年到中年，在坚守的路途中，他没有消极，更没有徒手等待，他用一个个零件提升着自己的技术，用一次次的挑战巩固着自己的能力。匠人精神，或许起源于简单的操作，却停留在了最伟大的情怀。胡双钱，正是在不断的追求和打造中，获得了事业上的那份精致和完美。[①]

胡双钱说，工匠精神是一种努力将99%提高到99.99%的极致，要传承这样的精神，不仅要“传帮带”年轻技工，更要激发他们创新的积极性和主动性。

我们通常以为，即便是再精密的零部件，只要凭借精湛的技艺，做到合格就行。但是，通过胡双钱的故事我们认识到，优秀的工匠能够给冰冷的零部件以“生命”和“灵魂”，而这正是他对待工作严谨的结果。

“中国制造”曾经是粗制滥造的代名词，而“凑合”也是很多中国人的工作态度，也因此，中国制造的产品很难得到世界的认可。但是现在，随着我国经济的发展，在实现中国梦的路上，越来越多的优秀工匠涌现出来，成为“中国制造”这一名牌的缔造者。

要想实现“制造强国”的梦想，就必须摒弃和消除“凑合”的观念，而将严谨纳入工作习惯中，让自己从普通的手艺人向优秀的工匠行列迈进。要消除“凑合”的工作态度，首先必须让自己对工作保持敬畏之心。从现实来说，可能并非每个人都能成为“大国工匠”，但是即便是做一名普通的劳动者，也应对自己的工作、自己的

① 摘自《胡双钱：不断打造的精致和完美》，中国青年网2016年1月8日，有改动。

岗位责任保持敬畏之心，要把工作当成自己一生最重要的事业，把坚守岗位责任当作自己必须肩负的使命。只有拥有了敬畏之心，一个人才能真正地在工作中拒绝“凑合”，尽力把每一件工作都做到最好、做到极致，进而向着成为一名真正工匠的目标进发。

第三节　严谨就是摒弃浮躁

三国时期著名军事家诸葛亮在《诫子书》中说：“非淡泊无以明志，非宁静无以致远。”大意是，不追求名利，生活简单朴素，才能显示出自己的志向；不追求热闹，心境安宁清静，才能达到远大的目标。

在追求成为一名优秀工匠的道路上，几乎所有人都会不可避免地出现心浮气躁的情绪，一方面是由于现实与工匠理想之间的差距巨大，让人感到力不从心；另一方面，在工匠之路上的苦苦追求，很容易将人的耐心消磨殆尽，以致变得急于求成。

有这样一个小故事：父亲丢了一块表，他抱怨着翻腾着四处寻找，可找了半天也没找到。等他出去了，儿子悄悄地走进屋子，不一会儿就找到了表。父亲问他是怎么找到的，他说，他就安静地坐着，一会儿就能听到嘀嗒嘀嗒的声音，表就被找到了。这样一个简单的故事却告诉了我们生活的哲理：我们越是焦躁地寻找，越是找不到自己想要的，而只有平静下来，才能听到内心的声音。在成为工匠的道路上，也应如此，应消除心中的浮躁与焦躁，静下心来，安稳、严谨地做好每一件事，走好每一步，踏踏实实地完成工作，渐而渐之地就离优秀的工匠越来越近了。

不浮躁就是要踏实，要一步一个脚印地走路，要严谨、一丝不苟地对待工作。在对待事业上，浙江省的“劳模”秦曙光做到了不浮躁、踏实严谨，为人们树立了很好的榜样。

制造技术发展到今天，汽轮机制造的100多道工序都实现了自动化，唯独最核心的转子叶片安装，还要依赖手工操作。在杭州有一位专门负责“转子叶片安装”的师傅，他就是2016年全国五一劳动奖章、浙江省劳动模范获得者秦曙光。

秦曙光，是杭州汽轮机股份有限公司叶装车间二班班长。1976年，他进入厂里，从最普通的装配工人开始，一直从事转子叶片安装，这一做就是40年。

说起转子，它是一台汽轮机的“心脏”，转子叶片的安装更是整个工业汽轮机生产技术的核心。别小看这项技术，工业汽轮机结构复杂，小型工业汽轮有上百片叶片，大机型转子有的多达4000多个叶片，这些都只能人工镶嵌，每相邻叶片的叶根围带之间贴合面用0.03毫米的塞尺检查，约为一根头发丝的四分之一，而且所有叶片的安装角度要保证在既定的辐射线上，只要有一丁点偏差，所有努力都将前功尽弃。一旦造成损失，少则数百万元，多则上千万元。

因此，转子叶片安装的精度要求非常高，完全依靠技师的经验和技术打磨安装到位。如果安装的叶片误差超过了0.03毫米，秦曙光不用仪器测量，看一眼就能发现问题出在哪。

秦曙光带领班组成员成功安装工业汽轮机3000多台，装配精度达到设计要求，由他带领安装指导的10万等级空分装置工业汽轮机，成功打破国外的垄断，突破了世界汽轮机制造的最高工艺，为企业创造数亿元产值①。

如若秦曙光没有一颗踏实的心，在做事业的道路上没有摒弃浮躁，而是时时感到气馁，时时因遇到困难而畏难退缩，那么他也就无法达到现在的成就，也就无法成为一名优秀的工匠，更无法登上“大国工匠”的荣誉殿堂。我们在工作中需要掌握克服心中浮躁的方法。

首先，要懂得“欲速则不达”的道理。现代社会生活节奏不断加快，人们的压力也不断增大，导致很多人无论做什么事都把追求速度放在了第一位，而忽略了做事的质量。有的人在工作中为了加快完成任务的速度，盲目地提高工作强度和工作节奏，然而每个人的精力和能力都是有限的，当工作强度和工作节奏超过了个人所能承受的极限时，必然会放弃严谨的工作态度，转而以“将就、凑合”来草草了事，并完成任务。因此，在工作时，适时地降低速度，提升严谨，保证质量，才是最终正道。

其次，要扔掉自己的虚荣心。虚荣心人皆有之，有时虚荣心的存在是一种好事，它能够鼓励人向着更高的目标发展，但是，当人因为虚荣心而产生浮躁心理时，就不是好事了。在工作中，应看淡荣辱得失，远离名利的诱惑，摒弃急功近利的心理，认真做好身边

① 摘自《安装误差超过0.03毫米　他一眼就能看出问题出在哪》，《钱江晚报》2016年5月5日，有改动。

每一件小事，在平凡的工作过程中发掘自身潜力，精进核心技艺，不断实现自身的价值。

最后，要深入工作岗位之中，深刻理解工作任务。无论是对待工作，还是对待其他事情，切忌浅尝辄止，更不能三心二意，要专注于一个岗位、一项工作。三心二意其实也是浮躁心理的一种表现，是严谨的“大敌”。要想成为一名优秀的岗位能手、一名优秀的工匠，就必须沉下心来，在一个工作岗位上沉下去，做出更深层的成果，最终将成为一名真正意义上的工匠。

工匠典范——“蛟龙号”上的“两丝”钳工顾秋亮

0.2丝，一根头发丝的1/50

1千克，是深海中1个指甲大小的面积上要承受的水压。1丝，只有0.01毫米，也就是一根头发丝的1/10粗细；载人潜水器上所有密封面的装配精度必须控制到几丝，这样才能确保潜水器在深海里既不漏水，又能缓冲巨大的水压。在中国载人潜水器的组装中，能实现该级别精密度的只有顾秋亮。送走了“蛟龙号”，顾秋亮又接到一个新挑战——组装中国首个自主设计制造的4500米载人潜水器。

“蛟龙号”的载人球是在俄罗斯定制的，安装的难度在球体与玻璃的接触面，要控制在0.2丝以下。0.2丝，只有一根头发丝的1/50。用精密仪器来控制如此小的间隔或许不算难，可难就难在载人舱观察窗的玻璃异常娇气，不能与任何金属仪器接触。因为一旦摩擦出一个小小的划痕，在深海几百个大气压的水压下，玻璃窗就可能漏水，甚至破碎，危及下潜人员的生命安全。因此，安装载人舱玻璃也是组装载人潜水器里最精细的活儿。

除了依靠精密仪器，顾秋亮更多的是依靠自己的判断。用眼睛看，用手摸，就能做出精密仪器干的活。即便是在摇晃的大海上，纯手工打磨维修的潜水器密封面平面度也能控制在两丝以内，因此人们称顾秋亮为“顾两丝”。

用最笨的方法练习基本功

当初学徒时，顾秋亮没少挨师傅的骂。

顾秋亮的师傅张桂宝笑称：“那时候进来的时候还比较调皮，经常骂，有的时候就像说什么呢，像茅坑里面的石头一样，又臭又硬。”师傅严厉的调教让顾秋亮慢慢收住了心，用最笨的办法练习基本功。

顾秋亮说，10 厘米的一块方铁，要锉到 0.5 厘米，就是 5 毫米，为了达到这个要求，他锉了十五六块方铁，锉刀用断了几十把。一遍遍地锉钢板，一遍遍地动脑筋琢磨，渐渐地，顾秋亮手里的活有了灵性，做的工件全部免检，“两丝”的名号也渐渐地被叫响了。

顾秋亮说：“就像人家跑步拿着一碗水，不能让水泼在外面。现在我估计大概是 0.2（丝），不相信拿头发来试试。再细的我都能压住。”

“蛟龙号”潜航员以生命相托

2004 年，“蛟龙号”开始组装，顾秋亮和他师傅级的前辈们一起被抽调到这个项目上。而且凭着“两丝”的功力，顾秋亮被任命为装配组组长。他们最大的挑战就是确保潜水器的密封性。

“蛟龙号”是中国首个大深度载人潜水器，组装起来没有可以借鉴的经验，顾秋亮他们只能一点点摸索。时间长了，顾秋亮两只手基本上没有纹路了，打卡都成问题。

刚参加“蛟龙号”项目时，“顾两丝”名气大，他原来所在的实验室一直希望他回去，收入能多一半，这对于他这个单职工、女儿上学急需用钱的家庭来说能起不少作用。收入的增加让顾秋亮也有小小的动心，但最让他动摇的还是“蛟龙号”的第一次海上试验。对于极度晕船的顾秋亮来说，出海就是对身体极限的挑战。

但是出于托付生命的信任，顾秋亮最终选择留下来。3000 米，5000 米，7000 米，随着“蛟龙号”不断升级的技术攻关，顾秋亮更是没有什么时间能照顾到家里。尤其是 7000 米海上试验，船刚刚起航，他就接到妻子打来的电话。当时妻子被查出怀疑长有恶性肿瘤，领导都来安慰他，后来查到不是恶性肿瘤，回来后他和妻子哭着抱成一团。

工作 43 年来，顾秋亮感觉最亏欠的就是家人。今年 10 月，顾秋亮就要退休了。最近，已经 60 岁的他正抽空学开车，打算退休后的时间全部用来陪家人。

目前在中国，深海载人潜水器有两个，组装工作都是由顾秋亮牵头的。4500 米载人潜水器或许是他组装的最后一台潜水器，载人舱的玻璃装好了，他还是那么精细，那么专注，反复确认它的安全性。

让人信任一次两次、一年两年容易，让人一辈子信任却很难。43年来，顾秋亮用做人的信念，埋头苦干、踏实钻研、挑战极限，追求一辈子的信任。这种信念让他赢得潜航员托付生命的信任，也见证了中国从海洋大国向海洋强国的迈进①。

① 摘自《“两丝”钳工顾秋亮》，央视网2015年5月1日，有改动。

第六章　工匠精神之态度

美国西点军校有一句名言："态度决定一切。"意思是说，世上其实没有什么事是做不好的，关键在于做事人的态度，态度决定了做事的结果。有一个良好的态度，必然会产生一个良好的结果；有一个不好的态度，必将导致一个不好的结果。

第一节　态度决定了高度

有这样一个故事：

有三个工人在砌一面墙，一个好管闲事的人过来问："你们在干什么？"

第一个工人爱理不理地说："没看见吗？我在砌墙。"

第二个工人抬头看了一眼好管闲事的人，说："我们在盖一幢楼房。"

第三个工人真诚而又自信地说："我们在建一座城市。"

10 年后，第一个人在另一个工地上砌墙；第二个人坐在办公室中画图纸，他成了工程师；第三个人成了一家房地产公司的总裁，是前两个人的老板。

从这个故事中可以看到，仅仅10年的时间，三个工人的命运发生了截然不同的变化，那么，是什么原因导致了这样的不同结果呢？很显然，是他们对待同一件事情的态度。

第一个工人仅把自己的工作当成养家糊口的手段，而从未把它当成一门手艺、一件有意义的事情，这样的态度最终使得他不会有什么成就，也就最终导致了他在10年后依旧只是一名砌墙的工人。

第二个工人的想法很显然比第一个工人有了更高一层的表示，目标更为远大，态度更为端正。因此，10年后他成了设计图纸的工程师。

第三个工人说“我们在建一座城市”，这句话已经充分表明，他把砌墙这件很小的工作当成了一件很有意义的事情，是在为他将来的路打下铺垫，他有更高的目标，在态度上对待这件事很诚恳、严肃、端正。这促成了他10年后所获得的成就，他成了老板。

一个人有什么样的心态，就会有什么样的追求和目标。具有积极、乐观心态的人，其人生目标必然高远；有了高远的目标，必然会为之努力；有了努力，也必然会有回报。第一个工人总在抱怨生活的不公，心情是郁闷的，想的都是一些令自己不愉快的事，回答别人的问题时满肚子怨气。第二个工人要比第一个工人的心态好，尽管也是在砌墙，但他却把这堵墙当作一栋楼房来建，心里想的是如何将楼房建设得更好。第三个工人的心态最好，工作虽然辛苦，但他还是那么自信和专注。人最可贵的就是“认真”二字，第三个工人把砌墙这样的小事当作一项伟大的事业来看待，10年后成为老板也就不足为奇了。

有多少人能真正认真对待自己从事的工作？浮躁、抱怨、这山望着那山高，导致一些人一辈子碌碌无为，一事无成。而在本行业、本领域做出了杰出贡献的人，无一不是兢兢业业、一丝不苟、乐观向上的。

在青原区的红色畲乡东固，提到传统造像，首屈一指的便是刘节明。

刘节明从小学艺，20 多岁起便能独当一面。40 多年的风风雨雨中，他用娴熟的技艺把木头变成了精美的艺术品，赢得了人们的尊重和赞扬。

刘节明，一个农家汉子，却成为江西师范大学的研究员，中央美术学院、北京师范大学博士、研究生不远万里赶来，只为与他一席长谈。

在物欲横流的现代，他倾心于传统造像，还原传统工艺，办传习所，打破家中技艺不外传的桎梏，唯愿传统技艺能发扬光大。

2015 年，东固造像被评为国家级非物质文化遗产，他成为省级代表性传承人，还担任了江西省高级根艺美术师、江西省根石艺美术学会常务理事等。8 月上旬的一个上午，在飘满木头清香的农家小院，刘节明讲述了他的故事。

明朝初年，刘氏家族成员因雕刻宗教神像而名噪一方，成为御用的“雕銮匠”，刘节明与其兄弟为第 53 代传人。

刘节明 5 岁起便跟随祖父学习画画，15 岁接触传统画稿，小小年纪就和祖父跋山涉水为四邻八方造像。没有画笔，刘节明便折树枝做；没有画纸，就用烟盒扎成册，白天干农活，晚上就着煤油灯一笔一画地练习，经常熏得鼻子乌黑。刘节明进行雕刻时，手上的大伤小伤成了家常便饭，仅工具就用坏了6套（每套20件）。这过程中，祖父经常给他讲传统画稿里的故事，那些情节让刘节明听得入迷，他对传统造像越来越感兴趣。

就在刘节明自认为学习了很多东西时，一天祖父带他去造像，趁着祖父离开，刘节明准备“小试牛刀”，谁料竟把自认为简单的金元宝雕坏了。这件事让他明白纸上临摹和实际立体雕刻的区别，激励他下苦功学。用刘节明的话来说，这一学便学“痴了”。1987年，他赴鹰潭学习，回来途中看见各类有关雕刻的书籍，顿时爱不释手，竟只留下乘车的钱，其余全部买了书，饿着肚子回了家。

1992年，祖父去世，20多岁的刘节明单独“接活”，“这么年轻，就会造像?”这样的质疑经常在他耳边响起，作品也常被人“挑错”。为此，刘节明留起了胡须让自己显得老成，一边提高技艺，经过努力，终于获得认可，乡邻亲切地称他为“刘一刀”。

“这样一路走来就没想过放弃?”记者问。“以前的人觉得雕刻是不务正业，差点找不到老婆，当时还真想过，后来还是坚持下来了。”刘节明爽朗地笑着说。

在刘节明的农家小院，到处都有东固传统造像、根雕、玉雕等作品，一个个神形兼备、惟妙惟肖，慕名前来参观的人纷纷竖起了大拇指。“从收入上来说，根雕、玉雕等占了80%，传统造像仅为20%，但从生产规模上说，传统造像占80%。”引领记者参观小院时，刘节明说。这源自他对传统文化的喜爱。

从小接触传统造像的刘节明知道，就工艺而言，只有保留好传统，才能更好地发展。而他痛心地看到，许多的传统手工艺在渐渐失传，“一定要保住老祖宗留下的东西”这个念头在刘节明脑中萌发。他经常去偏远地区，看到一些好的传统造像时，总是一遍遍观察、临摹，学习其雕刻技艺。看到一些腐坏的传统造像，他总是心急如焚，经常无偿修复。久而久之，刘节明整理出了许多手稿，在脑海中对不同类型造像进行了规范，形成了一套集绘画、雕刻、宗教开光仪式于一体的传统手工技艺体系。

对于细节，刘节明总是力求还原。有一次，他去青原区富田镇新安村修复一座神像，传统工艺匠人不会使用钉子，只是用榫进行拼接，刘节明先后用数十种木材制作榫，最终选择了红木。

也许正是这种认真的精神，很多人找到了刘节明。数年来，刘节明参与了国家级历史文化名村——渼陂古村、国家级 4A 级景区青原山阳明书院、庐陵文化生态园等国家文物保护部门的历史人物像、古建筑等的雕刻及修复工作。其作品也多次获得国家、省级大奖。

传统技艺如何传承？刘节明想到这个问题。由于传统造像耗时又耗力，从开坯到成像纯手工，有的要几个月甚至更久的时间才能完成，再加上市场需求有限，因此想学这门技艺的人很少，传承一度面临困境。

在以前，传统造像手艺“传男不传女”，更不要说传授给外姓人。“技艺在家族间传授，失传的风险很大。”有人这样说。刘节明渐渐接受了这一说法，随后“东固传统造像生产性保护基地暨传习所”成立，开展传承活动、培养后继人才。如今，在刘节明这里学习的人员达十余人。

为了让东固传统造像走得更远，刘节明经常带着作品参加各类展览，每年还会不定期前往福建、浙江等雕刻之乡交流学习，到大学授课。

东固传统造像引起了人们的关注，很多人不远万里来到刘节明家，这时他总是不厌其烦地和来人交流，经常是一聊一整天。俗话说“同行见面，分外眼红”，刘节明反其道行之，同行来了，他把手艺倾囊相授。据初步统计，这两年，刘节明接待远道而来的学者、同行、游客逾千人。

“我有个梦想，想在这里建一座博物馆。”采访最后，刘节明说，这座博物馆收藏传统造像实物、画稿，供大家参观学习，把东固传统造像文化传承、保存起来①。

当时人们觉得刻根雕是不务正业，但是刘节明却觉得自己是在做一件很有意义的事情，这样的态度正是工匠精神的表现，最终使他登上了“大国工匠”的荣誉殿堂。

我们常说，一个人的心态会影响他对事物的看法。例如，两个口渴的人在面对半杯水时，悲观的人会说：“真不幸，只有半杯水了。”而乐观的人会说：“真好，还有半杯水呢！”引发快乐的原因，并不是因为水量的多少，而是因为看待问题的态度。态度可以决定一个人的成长高度。一个人的态度决定了能否把一件事做得更完善、完美，同时也决定着一个人能否走向更高的目标、更高的职位。

一位企业老板给另外一个公司的经理发了一封电子邀请函，可是连发几次都被退回。公司经理知道了此事之后，就问自己的秘书是怎么回事。秘书没去调查原因，只是猜测地说“可能是邮箱满了

① 摘自《刘节明：“刘一刀”的痴心与执着》，中国吉安网2017年8月22日，有改动。

的原因”。可一周时间过去了，公司经理仍然没有收到企业的邀请函，他就又问秘书，秘书的回答竟然还是邮箱满了。最终，公司因为没有收到企业的电子邀请函而失去了与该企业筹备已久的合作项目。经理一气之下，辞退了秘书。

还有一位秘书，她是自考本科毕业后应聘到一家外贸公司的。她的意向是经理秘书，但公司却安排她做办公室文员，具体的任务是负责收发传真、复印文件。她虽然有点犹豫，但最终还是抱着积极的态度投入工作中，因为她觉得这样的机会来之不易，而她又只是一个自考本科生。她工作非常认真，同事交代的事情她都能准确而及时地完成，从没有怨言。有一次，经理拿一份合同让她复印，经理说要急用叫她快点，细心的她习惯性地快速浏览了一遍合同。当经理有些不耐烦催促她时，她指着一处刚发现的错误给经理看。经理看完之后，吓出了一身冷汗，原来是一个数字后面多了一个零。她的细心为公司避免了几百万元的损失，很快她就被提升为经理秘书。

同样是秘书，前者被辞退，后者被提升，是什么原因呢？很明显，是对待工作和事情的态度问题。前者作为秘书，竟然一周都不清理邮箱，这样的工作态度很难让人容忍；后者则相反，不管工作环境是否理想，都能认真对待，对自己分内的工作是如此，对分外的工作也能注意到细枝末节，为公司挽回了损失。正是这种责任心，这种对工作的认真态度，才决定了她能站在一定的高度，走上更高的职位。

第二节 态度决定了成就

古语云："世上无难事，只怕有心人。""有心"也是对人对事的态度问题。

世上没有做不好的事情，只有态度不好的人。做任何事情，都要有一个好的态度。有了好的态度，对工作、对他人、对自己都会表现出热情、激情和活力；有了好的工作态度，就不怕失败，即使遇到挫折也不气馁，有直面人生的勇气，就一定会更容易在事业和生活中取得比别人更好的成绩，比别人更容易做出成就，更容易走向成功。

位于三门峡的中原量仪股份有限公司是国内圈子里赫赫有名的测量仪器生产厂家，传统的测量仪能生产，科技范的高精密度测量仪也能生产。其产品广泛运用于航天、军工等领域。

中原量仪股份有限公司有几十年的历史了，属于老牌量仪厂家。其在行业内能一直保持领先地位，拥有众多行业"唯一"，原因在于公司总是把技术看作最核心的东西，并且下血本培养技术大师。

中原量仪股份有限公司新一代的技术领军人物是李淑团，是名女工人。

李淑团 1990 年参加工作，做车工一干就是 6 年，凭借过硬的技术被调到精加工车间磨工组。在这里她刻苦钻研，精益求精，为企业解决了许多加工技术上的难题，加工出无以数计的"高精尖"

零部件，其中在企业拳头产品——拼合式气动量仪零件加工中，一举攻克关键零件锥度玻璃管的加工技术难关，填补了国内以磨代研的锥度玻璃管加工技术空白。

李淑团的车间主任仝恺说："工厂里承担的精密度比较高的活，别人不敢上的时候，就她敢上。"

凭啥敢上？凭的是"金刚钻"。在仪器精确度上，普通工人能做到千分之一毫米就可以了，可她——能达到万分之五毫米，一点不给男同志面子。

S40机床是国家"八五"技术改造时从瑞士引进的一台高精度万能磨床，它每加工一种零件都要重新编程序，但是因为当时操作人员没有完全了解和掌握该机床的操作性能，以及大家对编程还很陌生，所以导致操作时准备时间长，加工出的零件精度也不稳定，甚至还不如国产磨床，再加上后来操作人员调离，导致机床被彻底闲置并封存起来。

为让S40机床发挥作用，李淑团借来相关书籍和资料，晚上回家学习，白天对照说明书上机操作，不断摸索，反复尝试，经过3个月夜以继日钻研，熟练掌握了S40机床的各项操作性能，终于让这台"水土不服"的设备在厂里"落地生根"，大显身手。

她敢于知难而上，这样的故事还有很多。除了这些故事，她还敢担事。

2014年全年公司所承接的制动盘综合测量仪多达40多台，产值超过1200万元，所用的标准件达400多件，李淑团一人全部承担。

李淑团说："我没有高学历，但我的梦想就是脚踏实地把每一项岗位技能学好，把每一个产品做好，即使是当一名普通的工人，在钟爱的企业和平凡的工作上，我自己的努力和付出都是有价值、有意义的。”李淑团先后获得河南省五一劳动奖章、全国五一劳动奖章、“全国劳动模范”等荣誉称号①。

传统观念中，我们认为，男人干不了的事情，女人就更干不了了。然而李淑团的故事告诉我们，男人干不了的事情，女人一样能干好，其关键在于态度。

一个人能否成功，在于对待事业的态度。成功者与失败者之间的区别是：成功人士始终用最积极的思考、最乐观的精神和最辉煌的经验支配与控制自己的人生；失败者恰好相反，他们的人生是受过去的种种失败与疑虑所引导和支配的。一个人是不是幸福，在于对待生活的态度，幸福的人总会向希望、光明看齐，而不幸福的人总是抱怨自己比不上别人。好的态度应该是：努力地付出和追求，不要强求结果，毕竟还有很多因素制约着结果。有着这样心态的人往往容易获得幸福感。

一个人若想取得成功，一个明确而合适的目标是非常重要的，如果没有目标，他也就不知道什么是成功，也就不知道为什么而努力了。目标是有阶段性的，应一步一步地实现它。只要去做了，才会离梦想的目标越来越近。但对目标的渴求一定是永无止境、不断扩展的，这样才能让人生更精彩。

在工作中，要尽职尽责，时刻保持一种积极上进的心态，积极主动，对于每一件事和每一天的工作都要尽最大的努力去做，在工

① 摘自《这个女人干起活来，厂里男匠人只能旁边看》，河南日报网2017年8月21日，有改动。

作中饱含热情，快乐地工作，不找任何借口推诿工作、逃避责任。只有这样才能改变自己，影响他人。态度决定一切，更决定了一个人将要获得的成就，做事要循序渐进，把事做好、做对，这才是一名优秀工匠所应具有的工匠精神。

第三节　态度决定了荣誉

荣誉是对一个人工作最大的肯定。我们在工作中总希望能得到领导的肯定，更希望能够获得代表肯定的荣誉。为此，我们应在对待工作上有一个积极的态度，乐观对待工作中的一切困难，只有这样，我们才能在工作中获得最大的乐趣，能够更加融入工作中，从而获得更大的成就。

美国石油大亨洛克菲勒在写给儿子的一封信中告诫说："如果你将工作视为一种乐趣，那么人生就是天堂；如果你将工作视为一种义务，那么人生就是地狱。"所谓的工作，并不是养家糊口和应付，也不是义务，而是需要用心去做，需要努力、真诚和付出。

比尔·盖茨曾经说过："成功的秘诀是把工作视为游戏，这似乎就是所有成功者的工作态度。我们可以尽力找出能令我们兴奋的事来，把许多游戏时的方式带到工作中。"很多成功人士正是抱着这样的态度来对待自己的工作和事业的。

蓝金康，高级技师，现任上海三联（集团）有限公司茂昌眼镜公司副经理、渐进多焦点眼镜验配中心技术总监、上海医学会视光学分会副主任委员。他是上海市两届劳模和全国五一劳动奖章获得者，是上海首批享受国务院津贴的高级技师，也是迄今全国眼镜行业唯一一位国务院津贴的获得者，2010 年荣获“全国劳模”称号。

坐落在繁华的上海南京路上的茂昌眼镜公司，每天慕名而来配镜的外地人络绎不绝。在上海眼镜行业，“蓝金康”三个字耳熟能详。

“配眼镜就找蓝经理，我是最近看了东方卫视‘上海工匠’专门过来配眼镜的。”一位刚验完光的顾客说：“以前我都是随便找个店配一下，眼镜度数越来越高。原来还有这么先进的配镜技术，早知道就好了。”

“我国青少年近视发病率则高达 50%~60%，是世界上近视发病率最高的国家之一，近视眼人数世界第一，希望家长和社会能重视起来。”见到记者，蓝金康一开始就说出了他的担忧，“不要让孩子过早地接触电子产品，6 岁之前尽量不上各种兴趣班，这远远超出了一个小孩子眼睛能承受的能力。”作为一个有良心的验光师，必须要有一种社会责任。“我的责任就是研究减缓近视加深技术，传播科学的验光知识，认真对待每一个顾客。”蓝金康说。

2015 年的一天，著名音乐指挥家曹鹏先生经人介绍找到了蓝金康，虽然已近 90 岁高龄，曹老依旧继续着他的指挥生涯，此次前来是想请蓝金康帮忙解决他的看远看近问题。经了解得知曹老几年前双眼做了白内障手术，术后出现复视，如今症状越来越明显，已经影响到了他的工作。听完曹老的叙述，蓝金康首先进行了常规验光，由于老花的存在，曹老在指挥中又需要看清不同距离的人与物，所以需戴眼镜的度数也不同，随后通过设备进一步检测得知曹老的双眼在水平和垂直方向存在斜视，尤其在垂直方向差异比较明显，其次由于年龄关系，双眼的融像功能较弱，看东西容易产生重影，时间久了会有眼酸、眼胀、易流泪等眼疲劳症状。这种症状可以通过借助三棱镜解决，虽然斜视在定性上比较容易，但在具体定量上就很难精准把握，加的量偏少则达不到预期效果，可一旦过多则会适得其反。蓝金康凭借多年丰富的经验，通过多次手工调试与对比，全方位考虑，最终确定处方，为曹老配了一副能同时满足工作和生活的眼镜。

视力问题不是老年人的专利，年轻人同样也会受到困扰。5 年前，一位名叫陆乐的小伙，当时 28 岁，IT 工作者，在 26 岁时发觉自己经常感到眼疲劳并伴有恶心呕吐症状，严重影响工作，两年间他放下了工作走访了全国各地眼科名医，经过各类治疗症状始终未见缓解，最终经上海一家眼睛专科医院的专家推荐求诊于蓝金康，蓝金康运用自己精湛的专业技术和几十年的工作经验，经过数小时耐心的检测和分析，得出其症状是由于双眼肌肉用力不平衡所引起的固视困难，根据其眼球肌肉的自身情况，蓝金康特别为陆乐度身制定了一副特殊的眼镜，同时定制了一套眼肌平衡恢复训练法，在训练过程中根据其眼肌的恢复情况对方案进行不断的调整，经过多次调整后终于解除了困扰他多年的烦恼。他深深地被蓝金康精湛的技术和极其耐心的工作态度所折服，感叹地说道："是蓝技师给了我眼睛第二次生命。"如今每逢节日，陆乐总会发消息给蓝金康以表示对他的感谢。像这种专程来到茂昌眼镜公司寻求蓝金康帮助的情形每天都会重复发生，慕名前来的"蓝粉丝"不计其数。

1954年出生的蓝金康与许多那个时代的青年学生一样经历了上山下乡的困苦磨炼。安徽天长市就是这位今天的验光大师曾经插队落户的地方，也是在那里他完成了从学生走向社会的“人生涅槃”。1979年，他怀着那个时代青年人特有的激情和疲惫，返沪参加了有关部门组织的招工考试，被分配进了茂昌眼镜店，从此与眼镜结下了不解之缘。

在进入茂昌眼镜店的头三年，蓝金康被安排进制片车间学习镜片研磨技术，也正是这三年的技术磨炼，为他日后在验光专业领域的拓新和发展打下了扎实的基础。1982年，他开始学习验光，在学习期间他向单位里的老一辈师傅虚心请教、刻苦学习、反复操练，在掌握基本的验光技能后，他发现这些技能只能满足大多数人的视物需求，还有少数由于眼睛缺乏融像功能和立体视觉患者的问题依然得不到有效解决，虽然这些患者在定性上比较容易，但在具体定量上却没有统一标准，需要因人而异。一些人眼睛本身并没有疾病，但总是容易出现眼酸、眼胀、头痛等视疲劳症状，严重时还会影响工作和生活，由于这些症状大多属于眼视光学范畴，在国外眼视光学医生需要在完成了眼科学课程后再攻读视光学数年才能进行独立操作，在国内此领域也是刚起步，于是他自发潜心研究该领域有关的技术知识，经过30多年的研究探索，已经为上千名患有双眼融像的患者验光配镜，消除了他们的痛苦。

蓝金康精湛的验光技艺，特别是对超出计算机测试范围的一些超高度近视、高度散光、高度斜视的检测技术，赢得了不少眼科专家教授的首肯，他们经常会介绍一些高难度眼疾患者请蓝金康帮助进行屈光和斜视的检查。曾经有位角膜移植患者经过医生介绍找到蓝金康，由于术后遗留下超高度散光，始终配不到合适的眼镜，蓝金康经过人工检影、反复镜片比对，最后确定处方，该患者散光度数达到1200度，且伴有明显斜视，如果没有合适的眼镜，她将无法工作和生活。如今处方是确定了，可哪里能做出1200度的超高度散光呢？国内外一般镜片散光只加工到600度，面对1200度的散光蓝金康一时也犯了难，要知道这么高难度的研磨技术在国内眼镜加工业中还从没有过。可为了帮助患者重拾信心，蓝金康多次深入车间，运用自己多年的磨片技能与技术人员研究协调，亲临现场指挥，手工改良磨具，经过反复试验终于做出了一副1200度散光的特殊散光矫正眼镜，为患者带来了福音。

蓝金康在三联（集团）有限公司茂昌眼镜公司工作的30多年间，深深感受到，除了传承，创新是老字号企业发展的核心动力，只有走创新发展的道路，才能在激烈的竞争市场中立于不败之地。早在20世纪90年代，他带领科研小组已经开始根据市场需求对技术和产品进行不断改良。当时，针对我国青少年近视眼的发病率居高不下的状况，研发出了青少年渐进镜，从减少青少年用眼疲劳入手，从而减缓近视加深的速度。在1996—1998年三年间，蓝金康对验配做了视力档案，根据三年的随访和双盲法对比，该镜片对大部分的学生近视度数加深起到减缓作用。青少年渐进镜一经推向市场，就深受广大学生和家长的欢迎。公司销售额和利税年年攀高，达到社会效益和经济效益双增长。蓝金康先后获得国家实用新型专利、上海市科技成果奖、上海市科学技术进步奖和第五届上海市科学技术博览会金奖。

2013年，上海市总工会在茂昌总店创办了以蓝金康名字命名的蓝金康验配眼镜技术创新工作室，主要从事验光配镜和疑难杂症的处理，致力于眼镜技术的研发和产品的创新。蓝金康作为“上海工匠”，拥有严谨敬业、精益求精、耐心专注的工匠精神，并将这种精神细水长流般地传承下去。他在眼镜行业举办的“名师带高徒”活动中，与多名学员“结对子”，培养出了一批又一批的验光一级技师、一名光学工程师。通过亲自指导，他的得意门生曾多次获得上海眼镜协会举办的眼镜验光技能竞赛一等奖。在他的身上淋漓尽致地体现了一位当代劳模应具备的敬业品质，虽集很多专利和发明于一身，但他从未放弃对更高创新领域的追求，不断研发新型课题，他身上所闪烁的那种勤于工作、不断创新、坚韧不拔的奋斗精神影响着身边的每个人①。

很多人对青少年近视没有重视，而蓝金康却重视了这一点，不仅因为他从事的是这一行，更是因为他重视了这件事，将态度摆在了首位。他的努力，不仅使更多的近视患者的近视得到了矫正，更为众人树立了良好的榜样，闪闪发光的工匠精神在他身上表露无遗。

在现实生活中，没有任何一件工作长久做起来不是辛苦、枯燥的，但是对待工作的态度直接决定了这份工作所带给我们的结果。我们认真对待它，它就会带给我们快乐。

英国《太阳报》曾做过一次调研，主题是“什么样的人最快乐”。在八万多份调研结果中，他们总结出了四个最佳答案：

（1）吹着口哨欣赏自己作品的艺术家。

（2）正在用沙子筑城堡的儿童。

---

① 摘自《“眼镜巧匠”蓝金康：擦亮患者心灵视窗》，中工网 2016 年 7 月 25 日，有改动。

（3）刚刚经历阵痛生下孩子的母亲。

（4）刚做完一台成功手术而挽救了危重病人的医生。

当这四个答案公布之后，却意外地得到了公众的一致认可。那么，为什么全英国人都认可这四个答案呢？答案很简单，因为这四个答案都是经过人自己的创造和奋斗得到的结果，每个人都有自己创造出来的成果，他们会因为自己付出并获得回报而感到快乐，这种快乐是发自内心的，是长久存在的，是任何快乐都无法比拟的。

对于工作，我们要深刻地认识到，没有不重要的工作，只有不重视工作的人，不同的态度可以成就不同的人生，有什么样的态度就会产生什么样的行为，从而决定不同的结果。对待同一件事，不同的态度会产生不同的结果，有的人采取积极的态度，事情就会朝向好的方向发展；有的人采取消极的态度，事情就会朝着坏的方向发展。

下面有一个关于表兄和表弟的故事，可以作为借鉴：

5 年前，表兄和表弟一起结伴来北京求职，在一家饭店做服务员。领班是个工作很严谨的人，表兄和表弟刚来店里时没有工作经验，很多常识都要领班临时去教，领班特别生气，教的时候态度不是很好，经常大声训斥他们：包厢的餐具放得不规范了，上菜的速度太慢了，普通话说得太糟糕了，等等。

表兄一生气，就辞职了，说受不了领班的“鸟气”，还动员表弟一起辞职。表弟愁眉苦脸地说：“这个地方干不好，咱还能到哪里去啊？我看还是在这里待着吧，虽然每天挨训，但是，好歹有份工作吧？”听表弟苦着脸说着这样的话，表兄感到非常悲哀，觉得表弟太让他失望了。

表弟继续留在饭店挨训，但是，没过多久，他就不挨训了，因为他进步很快，对领班批评的每个工作细节，他都能够及时改正。

饭店不卖早点，中午11点才开始营业，所以上午9点才开始上班。表弟买了个收音机，每天早晨5点多钟就偷偷起来，然后躲在附近的一个公园里练习普通话。半年过后，表弟的普通话说得非常标准了，没有一点方言的味道。表弟干服务生、当传菜员、当收银员等，每项工作干得都非常出色。他不想失去在饭店的这份工作，他想把这份工作干得非常完美，领班对这个不断追求进步的员工非常欣赏。

饭店的生意很好，两年后，老板在另一个地方开了个新店，领班当了店长并提议老总提拔表弟当了新店的店长。

表弟当了店长以后，想把这个喜讯告诉表哥，表哥从店里辞职后，先后找过6份工作，据说现在在一家快递公司跑业务。表弟打他的手机，居然停机了。表弟心里一沉，不知道发生了什么事情。晚上下班后，他到了表哥的住处，这才得知：表哥已经失业两个多月了，经济窘迫，手机也低价卖了，大夏天的，也没钱买夏衣，就把以前的一套运动服用剪刀减去了裤腿和袖管，然后用针线封上毛边，就当成短裤短褂了。表哥见了他，就愤愤不平地抱怨曾经工作的单位，抱怨公司的管理人员不对，对他要求苛刻。默默地听完表哥的牢骚，表弟放下1000元钱，然后告诉表哥："咱们出来是工作的，不是装大爷的，工作干不好挨批评那是应该的；少发牢骚多干工作，比什么都重要！"然后他离去了，当他走出门时，表哥恼怒地说："你是不是现在当上店长了，在我面前摆谱了？我告诉你，我还不吃你这一套！"表弟愣了一会儿，摇了摇头，打了辆出租车黯然离去……

老板经营有方，员工也很卖力地做事，老板的生意有着很大的发展。表弟工作第五年的时候，老板的饭店已经从当初的1家店发展到有7家直营店的餐饮公司。表弟也从店长被提拔为副总，公司的副总还有一位，就是表弟刚工作时的饭店领班。表弟从内心很感激这个当初以“恨铁不成钢”表情不断教训他的人，由于她的不断批评，他才在改正错误的过程中不断地进步……

这几年中，因为工作繁忙，也因为职场观念存在严重的分歧，表弟与表哥很少联系，倒是表哥来找过表弟几次，每次都是借钱和发牢骚①。

在面对同样的一份工作时，表哥和表弟采取了截然不同的两种态度对待，最后得到的结果截然相反。在看到这个故事的开始时，我们也许会为表哥的魄力感到兴奋，很多人在遇到这种情况时，采取的行动或许与表哥一样——辞职。但是，细想一下，真正的赢家却是表弟。

表哥在饭店里挨训，却不思量自己哪些地方没有做好，只是因为受不了气就辞职，有这种态度，在其他地方也是无法做好工作的，所以在此之后，他连续换了6家公司，最后失业了。而表弟却能够正确对待领班提出的问题，尽管经常挨训，但是他在认真地对待，认真地思考自己的不足，认真地改正问题，这是一个积极面对的态度，而事实上，这也促使他获得了表哥可能一辈子无法获得的荣誉。

在现实生活和工作中，我们应该像表弟一样，遇到问题和困难时，不选择逃避，而是应勇敢地以最为积极的态度去面对，去解决，只有这样，才能像雄鹰一样，经历过脱胎换骨的痛苦后，才能获得翱翔于蓝天的荣誉。而这也正是工匠精神所倡导的。

---

① 摘自《饭店世界》2011年第5期，第53页，有改动。

工匠典范——“工人教授”窦铁成

29年，工工整整地记下60多本工作笔记，洋洋洒洒100多万字，见证着一个人的毅力有多强；29年，解决技术难题50多项，排除送电故障300多次，负责安装的45个铁路变配电所全部一次验收通过，见证了一个人的技术有多高；29年，培养徒弟300多人，培养电力工技师40多人，见证着一个人的作用有多大；29年，一个从初中文化程度的普通工人成长为众人眼中的“工人教授”。中铁一局集团电务工程有限公司电力工、高级技师窦铁成用他朴素的人生经历，演绎了当代工人的不凡历程！

孜孜求索——“一个人可以没有文凭，但不能没有知识和技能。”

谁也没有想到，外公不经意间取的一个名字——铁成，竟验证了窦铁成一生的职业，一辈子和铁路打上了交道。

1956年10月1日，在中华人民共和国成立7周年的日子里，窦铁成出生在陕西省蒲城县的一个知识分子家庭。

窦铁成的父母都是知识分子，但并没有让知识在窦铁成身上得到太多的延续。在那个时代，因为家庭成分的原因，自幼聪颖好学的窦铁成不得不在初中毕业后就插队到了农村。

虽然只有初中文化，在那时的农村，窦铁成却是村民眼中的“文化人”，抽水机不上水了、电灯不亮了，这些“技术活”村民们都来找窦铁成。窦铁成心里发慌：自己“半桶水”，怎么帮别人？

没办法，只好照着书本，硬着头皮上，练多了，胆也壮了。不多久，他还真成了村民佩服的“电力”专家。

然而，命运似乎不让窦铁成在村里这么“安逸”。

1979年，中铁一局集团有限公司（以下简称中铁一局）向社会招工。已经结婚生子的他仗着农村这几年学到的“知识”，参加考试碰碰运气，竟然考上了，成为中铁一局一名电力工人。

仗着在农村几年练就的爬杆架线的“本领”，初来乍到的窦铁成很有信心：都是和电打交道，这个工作能应付。

当被派到唐山的一个工程工地时，他呆了，高高耸立的电力铁塔、密如蛛网的电力导线、构架林立的变电设施，眼睛都花了，别说上去摆弄，看着腿都发软。

刺激他的，还不止这些。因为新来乍到，有的老职工在操作设备时都不让他看。

“一个人可以没有文凭，但不能没有知识和技能。没知识，没技术，就会被人瞧不起。”面对窘境，窦铁成下定决心一切从头开始学。

要学的东西太多，常常是头天所学的，第二天又忘了。窦铁成采用“笨”办法，白天学，晚上记，在笔记本上详细记下施工和技术要点，还有自己的心得体会。没想到，这个行为成了他受用一生的习惯。29年间，他已记下了60多本工作笔记，洋洋洒洒100多万字。很多时候，这些笔记在施工中派上了大用场。

苦心人，天不负。学到后来，闭上眼睛，电力原理、电路流程像放电影一样从脑中闪过，慢慢地，他心中渐渐有了底。

检验的机会终于来了。1983年，在京秦铁路沱子头变电所施工时，因为工班没有技术员，工长说：“你去试试，考考你，看你这‘钻头’有多硬！”

初担重任，可不能丢人，得拿出硬功夫。窦铁成白天干活，晚上把自己关在备用调压器房里，对照专业书籍，一张张图纸、一条条线路、一个个节点地分析解读，研究设备如何安置、电缆怎么走。工程建设期间，他把加起来一寸半厚的 7 套各类不同技术图纸齐齐地画了一遍。最后，工程顺利完工，还获得了国家优质工程银质奖。

微薄的收入，除了寄回养家，全被他用来买书了。29 年间，他的这些“宝贝”已经塞满三大箱，跟着他走南闯北。工友们经常打趣：“老窦把书搁眼前，把老婆撂一边。”

知识在更新，窦铁成的脑筋也跟着换代。1999 年，变配电设备的测试开始采用计算机分析，已经 40 多岁的窦铁成立刻买来计算机教材，从最基本的原理学起，慢慢地学会了表格制作、工程制图等，成为中铁一局 3 万员工中掌握计算机设计、绘制电力图纸的第一人。

学习让窦铁成始终站在了技术最前沿。从电磁保护到晶体管保护，从微机联锁保护到四电集成保护，我国电力变配电所经历的几次升级换代，窦铁成都精通在手，了然于胸。

“没有窦师傅不学的东西，现在很多国外设备图解都是英文的，为了搞懂弄通，这不，老伙计又在鼓捣英语了！”对窦铁成，同事很服。

技术尖兵——“吃了这行饭，就一定要把这行干好！”

“老窦是技术‘大拿’，有绝活。”在中铁一局集团电务工程有限公司，窦铁成“名头”不小。

多年不间断的学习，使窦铁成成了铁路电气和变配电施工的技术“120”：有技术难题，大家只要拨打老窦的手机号码，难题往往迎刃而解。许多问题，他不需要去现场，只要听人讲解大概情况，就能很快找出“症结”所在。

“做什么事情一定要做好做到家，吃了这行饭，就一定要把这行干好！”无数施工技术难关的攻克，证明着窦铁成的实力。

2001 年，京珠高速粤境北段大桥变电所施工，设备配置起点高、技术新，60%为国外进口，施工难度很大，窦铁成被工程指挥部“点将”增援。

虽说干过不少变配电所，但一下子接触这么多精密的外国设备，窦铁成还是看花了眼，“这可是长本事的好机会，一定要打个漂亮仗！”

粤北的深冬寒气逼人。窦铁成干脆带着工友住进了没门没窗的变配电所，白天紧锣密鼓施工，晚上研究设备的性能和原理。

安装任务很快完成了，可就在进行交工送电前的空载试验时，意想不到的故障出现了：一台升压变压器的空气开关不断跳闸。工友们进行了数次调试，始终找不出原因。

施工方一口咬定是施工出的问题。干了这么多工程，施工质量还从未出过问题，窦铁成感觉心像被针扎。

当晚，窦铁成拿着工具爬上爬下，翻图纸、测数据、重调试……飕飕冷风中，工友们心急如焚，窦铁成冷静如铁。

几个小时后，原因终于找到了，是空气开关的定值调整问题。

第二天，被施工方请来的法国专家听了翻译介绍窦铁成的发现后，直摇头：“不可能，我们产品很精密，不可能有问题！”

不服？事实为证，窦铁成详细解释故障原因：原来是设定电流值时，没有考虑变压器的励磁涌流；只有重新调整开关的电流整定值，才能正常送电。法国专家仍然将信将疑，亲自检查测试、反复核对，最后竖起大拇指连声说：“Good！”

在外人看来，变配电所施工就是按照图纸安装，没太多技术含量，但窦铁成屡次用事实击破误解。

在西康铁路秦岭变电所，数百米规格不同的铝板材要加工成长短不等、角度各异的连接导线。如按照传统做法，费时，工艺还不美观。窦铁成大胆设想，利用现场的废料设计制作了一套煨弯器，一下子提高工效近5倍。

工友们打趣："窦师傅，让你整个原子弹，估计你都没问题!"

2006年7月，窦铁成参加浙赣铁路板杉铺牵引变电所施工。该变电所是浙赣铁路规模最大、技术含量最高的变电所。

施工过程中，变电所的变压器引入导线设计要求为铜板双导线，但国内没有这种产品，交工日期已经逼近，大家把目光投向了窦铁成。

窦铁成连续5个晚上在宿舍光着膀子写写算算，反复推敲。5天后，"简化结构，保证功能"的产品加工方案"出炉"，即利用现场既有的铜排、铜螺栓等材料加工制作出符合技术和功能要求的全铜间隔棒，经测试完全达到技术指标。后来，该技术在长达900多千米的浙赣线电气化改造工程中迅速推广，节约了大量成本。

29年来，窦铁成参加过无数铁路建设，先后提出实施设计变更6次，解决技术难题52项，为企业创造和节约达1300多万元。由他负责安装的45个铁路变配电所，全部一次性验收通过，一次送电成功，全部获得优质工程称号。

严师高徒——"只要引导好，年轻人都是宝!"

2006年11月18日，窦铁成名震陕西。在陕西省电力线路工职业技能竞赛中，窦铁成获得第一名。更神的是，获得第二、第三名的居然是窦铁成的徒弟李洪江和孙晓峰。包揽前三名，激动的师徒三人在领奖台上抱成一团。

在公司领导看来，窦铁成是公司最有“权力”的人：公司电力系统，上自公司领导层，下至普通电力工，2/3 的人都自称是他的徒弟。

老窦收徒有自己的门道：“我喜欢勤恳、有悟性、肯钻的人。”

孙晓峰进入“师门”，就是典型例证。

在外人看来，孙晓峰自小贪劣倔强，初中未毕业就在社会上游荡。到公司时，他父亲对他的要求只有一句话：“儿啊，咱有毒的不吃，犯法的不做。”

别人避而远之，窦铁成慧眼识金：别看孙晓峰顽劣，但他有悟性和好奇心，有事没事就到窦铁成的变电所转转，问这问那，什么工作都想沾点边。

“只要引导好，年轻人都是宝！”对于孙晓峰，窦铁成格外“关照”：没事就和他拉拉家常，干活时经常有意识让他搭把手，顺便给他讲讲电路原理。

渐渐地，孙晓峰入了门，上了瘾，以前东游西荡找乐子，现在工地乱窜学本领。如今，他已经成为公司的最年轻的电力高级技师之一，独当一面。

“要把活当自己的活，把工程当自己的工程，把工地当自己的家。”窦铁成经常这样和徒弟们说。

赵亚平大学毕业刚来窦铁成班组工作时，被安排为开关柜二次配线，费心尽力地弄完后，运转正常，赵亚平自我感觉良好。没想到，窦铁成看到后，硬逼着他把好不容易接好的线全部拽掉。赵亚平很委屈：“把线接进去，能正常运转不就行了吗?”窦铁成不依：“不但要接上，还要接漂亮。外观美不美，质量好不好，反映的是人的素质!”

这以后，赵亚平养成了一个习惯：每干完一个活，都要围着设备瞅上几圈。

“别看师傅平时和我们打成一片，工作中要糊弄他，门都没有!”徒弟们知道窦铁成的“厉害”。

窦铁成也有“豁达”之时。年轻女职工张莉刚来时，特别害怕犯错误，不敢尝试，缩手缩脚。窦铁成对她说，“不要对工作轻易说不，要试着去干。没事，如果错了就说是我干的。”这句话在张莉耳边回响至今。

照理说，徒弟成群，师傅好做，只要在后方指挥就可以了。窦铁成当师傅，可不轻松，总是亲自上阵，忙得灰头土脸的，干活比徒弟们还拼命，经常被旁人误认为是聘用的临时工：“你们这民工是哪里找来的啊，还挺有本事的!”

窦铁成身有三件宝：电筒、铁盒、笔记本。电筒晚上用来看书研究图纸，铁盒用来收集工地上的螺丝、零件变废为宝，笔记本用来记工作心得。

时间久了，徒弟们也“萧规曹随”，现在三件宝已成师徒的共同特征。

严师出高徒。公司共有电力工技师 42 人，其中窦铁成的徒弟就有 35 人；公司电力工高级技师 7 人，窦铁成的徒弟占了 5 人。

铁汉柔情——“以后退休了，我想多陪陪家人。”

“我知道天涯路漫漫，我却要去海角路遥遥!”

这是窦铁成 1997 年 10 月 30 日出发去新疆施工时在火车上写下的“诗句”。从漠北到江南，从东海之滨到高山之巅，每次施工“转场”，窦铁成总会“诗意”大发。

既然与施工结缘，便注定了一生的漂泊。窦铁成对此太有感触。

女儿出生不在，家里盖房不在，老人过世不在……走南闯北29年，算起来，与家人在一起的日子竟不足3年。“家里有事也不敢跟他说，他搞施工，爬上爬下的，不能分心。”老伴杨华芳很体贴。

“我和老婆这么多年，没有红过一次脸！”窦铁成总是爱和工友、徒弟们炫耀。“不是不吵，而是根本没机会，一年都见不到几次人。”老伴点出了其中的“玄机”。

“取悦”老伴，窦铁成有一套。2007年他被选派去比利时考察，回来时，别的都没带，却给老伴带来了浪漫的“惊喜”：花30多欧元买了一枚镀金戒指，亲手戴到了老伴的手上。

“以后退休了，我想多陪陪家人”，窦铁成经常对工友们说说心底的愿望。

现在，窦铁成还和老伴有个约定：每天晚上九十点钟，老两口都要通过手机短信问候平安。

平时，窦铁成还爱和工友、徒弟们打成一块。“他平时招呼我们‘哥们’‘姐们’的，老爱跟我们开玩笑。”徒弟李洪江因家庭琐事和老婆闹别扭时，窦铁成还积极为他支招。

窦铁成很幽默。徒弟韩凌至今还在手机里保留着窦铁成去年中秋节在东乌铁路施工工地上给她发的自编短信：一把沙葱、二两蚊虫、三勺黄沙、四斤羊肉，外加五斤酸牛奶。月饼已送你，就凑合着吃吧。可别独吞，小心长肉！

铁汉有柔情。虽然岁月与风沙把窦铁成“刻画”得粗犷沧桑，但他的内心却藏着一团乐观的火，兴趣爱好广泛得让人眼花缭乱：

他是“收藏家”，在沙漠戈壁、河流山川，为寻觅美丽的石头，他会翻遍工地周围的疙疙瘩瘩；他是“摄影家”，无论自然条件多么艰苦，他都会随身带上照相机，拍朵朵野花，拍落日晚霞；他是“音乐家”，山头河边，夕阳西下，他会拿着笛子，深情地吹奏一曲《草原之夜》，对着天地诉说着心底的想家……①

① 摘自《“工人教授”窦铁成》，人民网2008年4月25日，有改动。

第七章　工匠精神之责任

明末清初的著名思想家顾炎武在他的《日知录·正始》中提出："保国者，其君其臣肉食者谋之；保天下者，匹夫之贱与有责焉耳矣。"中国近代思想家梁启超将其引申总结为八字箴言"天下兴亡，匹夫有责"，意思是说，国家天下的兴盛与衰败是每一个人的责任。由此可见，责任可以大到国家、天下之地步。然而，对于普通人来说，真正遇上国家危难时刻而需要担起责任的时候很少，所以在绝大多数情况下，这种责任主要体现在日常的生活和工作之中。

第一节　责任重于泰山

经常在工厂、工地、生产一线的车间等地看到"安全责任重于泰山"的标语，是在提醒每位工人安全责任的重要性。从某种方面来说，完全可以把标语中的"安全"二字去掉，将其扩展适用于任何一个行业——责任重于泰山。

人生之于世，是带着种种责任的。每一个人在这个世界上都会有自己的使命，在革命时代，老一辈无产阶级革命家的使命是带领当时深处水深火热的中国人民走出囚笼，推翻压在身上的三座大山，真正翻身做主人。

在现如今的和平时代，我们需要做的是为国家的繁荣富强而奋斗，为实现千年大计、“中国梦”而拼搏。大到为国家，小到为工作，我们都应有一份责任扛在肩头，时时刻刻叮嘱自己：这是我应该做的，而且应做到最好的本分，需要为之而奋斗，为之而担当。

“大国工匠”中的每位优秀工匠都秉承着“责任重于泰山”的工匠精神，将自己几年、十几年、几十年甚至毕生的心血都倾注于自己的事业，同时也将把自己掌握的手艺传承下去视为自己的责任。他们不仅仅将工作做到了极致，更重要的是，他们用自己的实际行动在传承这份责任。

2011 年，“神舟八号”飞船和“天宫一号”目标飞行器载着由他的团队亲手装调的对接机构，在外太空上演了一场完美的“太空之吻”。2013 年，他的团队制造的“玉兔号”承载着中国梦，在月球表面印出了一道深深的“中国制造”的痕迹，为我国航天技术赶超世界先进水平做出了重要贡献。他就是中国航天科技集团八院 149 厂首席技师王曙群。

王曙群是目前国内唯一的载人航天对接机构总装组组长，中国航天最年轻的特级技师。20 年来，他带领团队攻克了多项关键技术，练就了精、新、准、快的绝技绝活，带出了一支技术过硬的载人航天总装队伍，成长为载人航天工程总装战线上的领军人物。

1989 年，王曙群从技校毕业参加工作，从事工装模具的装配、维修工作。王曙群没有高的学历，有的只是踏踏实实地拧紧每一个螺丝，装配完成好每一件工装产品，确保不因工装问题影响产品生产。在平淡的工作中，他却不忘不断地学习与提升技能，他在晋升中级工中获得全厂第二名的成绩，这也促使他能够跻身参加 1996 年厂里举办的第一届高级工培训班，由此实现了他在技能晋升上的一个重大转折。

王曙群在参加高级工培训班时，正好赶上对接机构产品研制。“新的任务、新的技术，促使我在带着问题学，把学习的东西用于实践。”王曙群说。

40 岁刚出头的王曙群与对接机构打了十几年的交道，按照他的话说，刚开始接触对接机构装调时，感觉没啥难的，自以为一定能在短时间内做出来，但随着时间的推移，遇到的问题越来越多。

王曙群说：“当时遇到的问题都是从未遇到过的，有时出了问题都不知从何入手，感觉越来越难，甚至对自己的工作产生了怀疑，这个东西太难了，到底能不能做出来?”尤其是在装配对接机构中对接锁的过程中，让他着实费了一把劲。为保证对接、分离成功，不但相关各舱室的气体不能泄漏，舱与舱之间也要“天衣无缝”，而且对接时必须保持平稳、牢固，不能剧烈晃动。因此，对接锁的锁钩必须实现同步锁紧、同步分离，这就好比在太空中“拧螺丝”。

为了做到这两个同步，他带领他的团队在装配过程中必须边装配、边调整、边试验。就这样，通过近一年的反复试验、摸索，他终于找到了问题的症结，并迅速提出了方案，一举解决了困扰对接机构团队近两年的对接锁系同步性协调的难题。

对接的密封性直接关系航天员的生命安全。在研制初期一直无法满足要求，且数据变化毫无规律可循，在研究了多达150万个数据后，王曙群制订了科学的试验方案，最终提升了对接的精准度，使对接的稳定性从最初的3次提高至50次以上。

对接环运动位置的精度是影响交会对接任务成败的另一个关键因素。为能实现对接环精准运动。王曙群提出了自上而下的逆向调整方法，解决了总装精度调整难的问题，使“神舟八号”和“天宫一号”在各种姿态下均能够实现交会对接。

王曙群说：“其他行业首先考虑的因素可能是成本，而我们首先要考虑的是万无一失。同样一项新技术的运用，其他行业可能拿来就可以直接用，但是我们需要经过反复的验证，证明确实有效可行我们才敢用，从而确保万无一失。”

用王曙群自己的话说：“攻关的路虽然漫长，但我们终究是胜利了。我曾经也失败过、气馁过，但最终还是航天精神激励了我，使我毫不犹豫地选择了坚持，咬紧牙关、坚守信念，想尽一切办法，克服重重困难。经过多年的不懈奋斗，直到2011年11月3日凌晨，我们生产的对接机构在茫茫太空中圆满完成了“神舟八号”与“天宫一号”的第一次拥抱，这时，距离我们开始研制生产对接机构已经过去了整整16个年头。”

王曙群坦言：“如果刚开始研制的时候就知道要经过16年才能研制成功的话，我可能很难坚持下来。现在来看，自己能坚持下来的原因，是在用一个个希望来‘诱惑’自己前行。每当从困境中走出了一步，就会觉得快了，又过了两年，感觉又快了，离成功更近了。”王曙群说：“16年前的初次接触，谁也不知道它会有如此的成功与辉煌。但没有对接机构，也没有我的成长。”

王曙群说："年轻的队伍就是发展的后劲。"作为中国航天科技集团八院首批总装领域首席技师，他带领航天空间机构工作室团队总结经验教训，整理成书面材料，编制成青年工人培训教材，把自己的绝技绝活传授给他人。"做事有依据，做事按依据，做事留记录"是他的团队多年来一直秉承的工作理念。

王曙群说："作为一名航天人，首先要认同航天文化，这样才会去热爱这份工作，只有热爱了这份工作才会有责任感，有了责任感才会去坚持，有了坚持才会去创新，这是一个递进的过程。作为航天事业的工匠要有全神贯注的对待工作的思想，要有执着和坚守的信念，要有不断学习、不断创新的动力和热情，要深深地喜欢这项工作。"王曙群说："我们会从多个方面去培养年轻队伍的工匠精神。例如，用'航天职工看航天'的方式让员工到基地去感受震撼的场景，让他们体会到自己负责型号成功的喜悦等，从点点滴滴的细节去培养他们的工匠精神。"

近三年来，他通过实训基地的平台，已经为企业培养了42名高级工、17名技师。

16年的风雨兼程，16年的坚守阵地，16年的酸甜苦辣，16年的成功渴望。在这将近6000个日日夜夜里，尽管在研制过程中王曙群与他的团队碰到过难以想象的困难，遇到过许多曲折和坎坷，但他从来没有说放弃，而是带领出了一支热爱航天、扎根航天的优秀团队，多次参与"神舟"飞船与"嫦娥"工程的发射试验任务。16年的艰辛与付出换来了一次次完美的对接和航天员在太空中的挥手与微笑。王曙群用他的双手，书写了精密装配的神话，助力我国航天事业新的跨越①。

① 摘自《"大国工匠"王曙群：在外太空缔造中国梦》，中国日报网2016年7月25日，有改动。

王曙群用自己的实际行动践行了“中华太空梦”，在这16年间，他始终担负着创造我国航天事业奇迹的责任，并将这一责任传承下去，扩散开来，在中国航天事业中开花结果，缔结出永不褪色的果实。

温家宝曾说过：“事不避难，勇于担当，奋勇向前。”对于应承担的责任，风险再大也要做好，要勇于担当，敢于担当，端正自己的工作态度，树立正确的人生价值观。自古以来中国传统文化中就有修身、齐家、治国、平天下为准的责任意识、担当精神，花木兰替父从军体现了儿女对父母、对家庭的责任；大禹治水“三过家门而不入”，是对亿万苍生的责任与担当；林则徐“苟利国家生死以，岂因祸福避趋之”，是对整个华夏民族的责任与担当。

责任是一种约束、一种使命，它更多的是呼唤人们用手中的权利承担自己应尽的义务。“做一天和尚撞一天钟”尽管是一种无奈的体现，但恐怕更是一种责任的担当，虽然现实社会中很多人对周围所处的环境，对生活和工作都有太多的抱怨，但反观自身，既然“在其位”，有没有“谋其事”？有没有撞好自己那一天的钟？这值得深思，不是所有人都能成为功成名就的人，但至少我们应坚持恪尽职守、锲而不舍的态度，也许不能把钟撞得惊天地、泣鬼神，但至少能撞得准点准时，尽心尽力地完成好自己分内的事。

有下面这样一个故事：

很久以前，一个国王有一对双胞胎儿子。当他们长大以后，国王想从中选一个继承王位。他把两个儿子叫到面前说：“我老了，王位以后将由你们中的一个来继承。现在，我将把你们送到一个很远的地方，有人会给你们每人准备一副非常沉重的担子，谁先把这副担子安全、完整地挑到我跟前，谁就是王位继承人。”国王吩咐过后，两兄弟就上路了。

在路上，两兄弟看见一个老婆婆挑着一副重担，步履蹒跚，艰难地向前挪动着双脚。兄弟中的一个提议帮助这个老人，另一个则认为自己担子还没挑呢，顾不上别人，扬长而去。留下的王子帮老人把担子挑回家，这才继续赶路。一路上，他还帮助了很多像老婆婆这样的人。到达目的地以后，他挑起父王给他准备的担子，感觉这副担子的分量并不像父王说得那么沉重。于是，轻轻松松地把担子安全挑回皇宫。在皇宫门口，他遇到了自己的兄弟，只见兄弟吃惊地看着他说："这么沉重的担子，我可挑不动。你是怎么挑回来的?"未来的国王说："当我不停地帮别人挑担子的时候，我的肩膀在不知不觉间也变得坚强有力了。"

从这个故事可以看出，责任与担当是与个人成长进步的机会联系在一起的。如果一个人不能勇于承担责任，当责任一来，不想着承担，而先想着躲开、推诿，看似聪明世故，实际上是自己放弃了磨炼、提高和展示才能的机会。所以有些人时常抱怨缺少发展机会，怀才不遇，常常怨天尤人，但是他们却没有自省自己是否拥有勇于承担的精神。

拥有极强的责任感，能够在工作中兢兢业业、尽职尽责，将高度的责任意识贯彻到自己工作中的人，即便是在最微不足道的工作岗位上，也能熠熠生辉，甚至是做出成就，跻身"大国工匠"的行列。

第二节 责任即义务

通俗来讲，责任即分内之事，而义务是指人们应做的事情，所以从某种方面来讲，责任即义务，两者是辩证统一的。

从本质上说，责任是一种与生俱来的使命，它伴随着每一个生命的始终，是生命价值的体现。既然是使命，那我们就有义务去完成它。人可以不伟大，也可以清贫，但不可以没有责任。扛起了责任，就是扛起了信念，扛起了生命的价值。

在追求成为优秀工匠的道路上，把责任当成应尽的义务是一种工匠精神的表现。有些人常常为自己的懒惰、不负责任找借口，借此来推脱本应完成或做好的事情，但是却没做完、没做好，这是一种不负责任的表现。

在“大国工匠”的身上，处处都体现着“责任”二字，而他们也把这份责任当成了自己应尽的义务，所以他们才能在优秀工匠的路上越走越远，成为标杆式的人物，成为众人学习的榜样，跻身荣誉殿堂。

2016 年 4 月 8 日，工长王庭虎与往常一样，集合点名，安全宣誓，然后背上十几千克重的巡道工具，带着工友上道干活。

有这样一幅照片：巡道工的身体几乎趴在道床上，耳朵贴近乌亮的钢轨，目视前方，屏气凝神。人们都认为，那是用耳朵在“听”铁路，其实不对。“那是看，是用眼睛目测钢轨的水平度，因为身子趴得很低，耳朵快贴到钢轨上了，别人误以为是用耳朵在听。”王庭虎笑着说。

不过，王庭虎确实可以用耳朵听出钢轨的裂纹。他找到钢轨接头处——容易出现问题的地方，蹲下，用检查锤敲下去，“当……”同时松开手柄，感觉锤的弹跳和钢轨的回声。王庭虎说：“好钢轨的回音响亮、持续，弹跳长而均匀；如果表面有裂纹，或者内部有伤，声音发木，弹跳短而不均匀。”用检查锤敲扣件也是一样的道理。

2015 年 3 月 8 日，王庭虎就是靠这把小锤在巡道中“听”出了一处道岔尖轨的细如发丝的裂纹。“道岔尖轨，位置很关键，如果断裂，列车过来会出大事故。”巴山工务车间书记魏尚宪说。

王庭虎的眼睛也特别厉害，趴下身子目测钢轨的水平度、弯道的平滑度，一眼看出去几十米、上百米，毫厘之差都逃不过那双炯炯有神的眼睛，目测的结果再用钢尺测量确认，几乎没有走过眼。

依靠耳目神技，王庭虎常年徒步往返在他所管辖的 12 千米的铁道线上。有人算过，王庭虎巡查线路，每巡查一个来回，要弯腰 1.1 万次、记录 1.1 万个数据、检查几十万道钉和扣件。从 1988 年他来到安康工务段巴山工区，28 年来，这些重复动作的次数已是天文数字。仅行走的线路就超过 13 万千米，相当于绕地球三圈多。通过这些单调重复的劳动，他和工友们消除安全隐患近 3000 起。

王庭虎每次回家探亲都选择火车，上车后倒满一杯水放在面前。别人纳闷：这人真怪，一口不喝，却一直盯着杯子。其实，这是王庭虎的特殊工作法。“空吊是特别隐蔽的病态，就是钢轨下面藏着暗洞，平常的检查发现不了，但列车驶过时钢轨会下沉。”

2015年春运前，王庭虎就是靠这种方法发现列车进过一个隧道时，杯中的水有常人不易察觉的一晃，他记下了位置，回来后仔细查找。经过整治，晃车仪测不出来的隐患被排除。

王庭虎的小故事有许多，用王庭虎自己的话说，就是小到不值得一说。在他看来，他所做的都是些最平常的事情，也是必须要做好的事情——因为安全问题不容商量①。

王庭虎日复一日、年复一年地重复着简单的动作，却记录着海量的数据，维护着几十万道钉、扣件和轨枕，在他负责的12千米铁道线上，肩负着对国家、对旅客、对工作的无限责任，也正是这种将责任看成必须做的义务的理念，使得他能够保持连续28年零事故的纪录，最终成为“大国工匠”荣誉殿堂中的一员。

一个人的工作做得好坏，最关键的一点不是在于他的能力有多强，而是在于他有没有责任感，是否认真履行了自己的责任，只要他真正且勇敢地担负起责任，那么他所做的就是有价值的，就会获得别人的认可与尊重。人的一生必须承担着各种各样的责任，社会的、家庭的、工作的、朋友的，等等。人不能逃避责任，对于自己应承担的责任要勇于承担；放弃自己应承担的责任时，就等于放弃了生活，也终将被生活所放弃。

责任可以使人坚强，责任可以使人发挥自己的潜能，人的能力永远由责任来承载。责任可以改变一个人对待工作的态度，而对待工作的态度决定了他的工作成绩。在工作中，我们要清醒、明确地

① 摘自人力资源和社会保障部：《工匠精神读本》，中国劳动社会保障出版社2016年版，第147—153页。

认识到自己的职责，履行好自己的职责，发挥自己的能力，克服困难，完成工作。认识、了解到自己的责任，清楚自己的职责，并承担起自己所在工作岗位的责任，那么工作就由压迫式、被动，转化为积极主动，并享受工作乐趣和取得成绩的快乐。

第三节　责任即用心

用心包含三个基本要点，即洞察入微的观察力、及时准确的判断力和全心全意的执行力。对于整个工作过程而言，用心就是从开始工作到工作完成整个过程中都要仔细认真、全心全意。

通常说的“用心做事”，就是肯花时间、肯动脑筋、肯耗精力去想、去做、去研究、去琢磨自己的工作，是对工作有强烈的事业心、责任感和正确的思维方式，在工作中尽自己最大的努力，以达到自己的最高水平。这是一种负责任的表现。

我们来看一个小故事：

一家公司同时招聘了A和B两名员工。

一段时间后，A青云直上，B却仍在原地踏步。

B很不满意老板的不公正待遇，于是就到老板那发牢骚。老板听完后，笑着说道：“B先生，你现在到集市上去一下，看看今天早上有什么卖的，然后回来告诉我。”B就去了集市，看到有人在卖土豆，就从集市上回来对老板说：“今早集市上只有一个老头拉了一车土豆在卖。”

老板就问："那土豆多少钱一斤？"B回答说："这个倒是没注意。"

老板又叫他去看看……如此往复，老板问了N个问题，B就跑了N次菜市场。

最后，老板对B说："现在请你看看别人是怎么做的。"

老板对A说："A先生，你现在到集市上去一下，看看今天早上有什么卖的。"

A很快就从集市上回来了，向老板汇报说："到现在为止只有一个老头在卖土豆，一共40袋，价格是8毛钱一斤；土豆质量不错。"A还带回来一个让老板看看。

从上述的小故事中可以领悟到，对工作是否用心，将决定一个人一生的发展。

在工作中，"用心做事"是一个严谨的工作态度，或者说，它是一个最起码的职业道德，也是身在职场最基本的要求。一个人可以能力低些，但是不能做事不用心。从一开始工作，就要谨记"每件事情都用心做"的职场原则，只有这样才能为事业发展创造有利的条件。

宋征宇，"长征七号"控制系统副总师，载人航天"神箭"控制系统副总师，是个周身散发着儒雅、自信气息的男人。他的梦想就像他的名字一样，在学术上不断进步，在技术上不断创新，有朝一日踏上浩渺的星空，征服寰宇。

对人对已，宋征宇都是一个很严格的人。大到系统方案，小到元器件，他都严格把关，充分论证，谨慎选择，不放过任何一个疑点。正是他严格、严谨的做事风格，使载人航天工程成为唯

——一个没有败绩的工程。宋征宇将严格的作风带到了“长征七号”控制系统研制团队中，“长征七号”火箭是为满足中国载人空间站工程发射货运飞船和未来载人运载火箭更新换代的需求而研制的新一代高可靠、高安全的火箭，所以从方案设计，到元器件选择，进行了充分的可靠性设计。

在“长征七号”首飞试验动员会上，宋征宇给他手下的“兵”们下达了三条行为准则：测试前状态检查到，测试中现象观察到，测试后数据判读到。他认为只要测试前、测试中、测试后能做到这三点，就能杜绝低层次操作问题，最终做到零问题完成首飞。看似简单的道理，实际做起来却需要每个人、每个岗位、每次测试的认真操作和各试验队员对自己的严格要求。

对待工作，宋征宇是一个十分细致的人，是一个十分用心的人。“长征七号”从方案论证到如今首飞，历经八载寒暑，控制系统更是几经更新，每一次的方案改进，控制系统团队都是在宋征宇的带领下攻关克难。

在对控制系统刚开始进行综合试验时，宋征宇就着眼细节，关注系统给单机供电时的瞬态参数，要求系统试验时，监测各个单机上电瞬间的电压、电流。由于控制系统下单机多而杂，导致同时加电时系统瞬间的预充电电流过大，在宋征宇的指导下，经过反复试验，控制系统最终解决了这个难题，很好地控制了上电瞬间的预充电电流。宋征宇着眼小处、关注细节的态度，让“长征七号”控制系统向着更可靠、更系统、更完整的方向发展。

对待技术，宋征宇是一个总在创新的人。他很关注国内外航天技术的发展，常常跟大家一起讨论最近国际上的新鲜事。美国太空探索技术公司（SpaceX）回收火箭，宋征宇从第一次试验就开始关注，他十分欣赏SpaceX这种不怕失败的探索精神，认为中国航天也应如此，不断地应用、试验新技术，才能促进我国航天工程中各专业的发展。

“长征七号”火箭控制系统就是这样一个运用了10多项新技术的系统。在很多人的观念里，创新和高可靠性总是矛盾的，但是宋征宇在两者之间找到了平衡点。“长征七号”在研制时应用了10多项新技术，是国内唯一一枚在助推器上设有控制设备的火箭，减少芯级和助推器之间的信号传递，降低在飞行中由于芯级和助推之间的支杆断裂带来的助推失控的风险。

在宋征宇的坚持下，地面测发控系统取消了为火工品供电的直流电源，改为使用模拟锂离子电池在地面测试时为火箭供电，这更加接近飞行时的真实状态，使控制系统在地面测试验证更加充分。“长征七号”火箭也是唯一一枚在箭上计算机中使用操作系统的火箭，箭机中的操作系统让控制系统这个“大脑”更“聪明”，全局把控力更强。宋征宇认为机器比人更可靠，在他的坚持下，“长征七号”在地面自动判读软件中增加飞控软件的判读，实现边测试边判读，测试完成后，可自动生成判读报告，大大减少了测试人员试验后的工作量，降低了人为错误带来的误判。

对待生活，宋征宇是一个真性情的人。他的性格中有着知识分子常见的固执和坚持，带着一丝独有的傲气。他平时很严肃，不熟的同事在跟他交往时都多少带着一些敬畏。但是接触久了，就会发现，他其实也是一个热爱生活、追求理想、每日生活在柴米油盐酱醋茶中的普通人。

宋征宇对航天工程有着自己的理解，一直孜孜不倦地追求更新的理论，思考这些理论在实际设计中的应用。他平时一刻也没有放松过学习，经常阅读国内外期刊，像一块海绵，不断吸收外来的知识，充实自己。书读多了，自然就有抒发自己的欲望，宋征宇悄悄在某微信公众号上开设了自己的专栏，谁也没告诉，他定期在专栏中更新一些文章，有时介绍介绍国内外航天技术的发展，有时谈一谈最新的理论技术的应用。他手下的“兵”们很快就发现了这个小“秘密”，于是大家都默默地关注了宋征宇的公众号，成为他的一个小小的粉丝，献上自己的一份支持。

宋征宇奔波忙碌在工作上的同时，也有着幸福美满的家庭。妻子漂亮能干，女儿聪明可爱。他教育子女自有一套，所以女儿小小年纪就是天才少女，运动、学习样样都是顶尖的，平日晒在朋友圈里的照片更是显示出小小航天接班人的气质。

宋征宇某次的自我剖析至今令人印象深刻，他说，我们每个人的力量很微小，也许不足以改变什么，但是如果我们每个人都做一点改变，那么世界也许会因为这么多人的一点改变而发生些变化，所以我们还是要心怀希望地去工作、去生活，还是要坚信这个世界通过我们的不断努力会变得更好。

宋征宇就是这样一个人，有理想、有抱负、聪明、反应快、性格略有古怪的知识分子。他以发展中国航天为己任，对未知星空探索欲和对知识的求知欲，让他不断学习和提升自己，因为他相信，人生的征程才刚刚开始，目的地就像他的名字一样，是夜晚远眺时的浩瀚星空。

载人航天工程，“长征七号”，只是一个小小的开始，宋征宇的征途是星辰大海[①]。

① 摘自《宋征宇：用激情托举“神箭”腾飞》，央视网 2016 年 7 月 7 日，有改动。

在工作上，宋征宇做到了用心，也正是因为这份用心，“长征七号”才能顺利地升空；也正因为这份用心，才使得宋征宇跻身“大国工匠”的荣誉殿堂。

成功者无论做什么工作，都会用心去做，并力求达到最佳的效果，不会有丝毫的放松，不会轻率敷衍。

如果你对工作能带有浓厚的兴趣而贯注热诚，如果你决意做每一件事必须竭尽你的全力，则你对工作就不致产生厌恶或痛苦的感觉。用心，可以使最普通的工作变得趣味横生；不用心，即便是最高尚、最有趣的工作，也会让人产生厌恶的感觉。

所以，我们应考虑的不是什么样的工作，而是应以什么样的态度来对待自己的工作。在工作中，我们应严格要求自己，对每一件事情都要用心去做，能做到最好，就不要允许自己只做到次好；能完成百分之百，就不能只完成百分之九十九。每个人都应当把自己看成是一个优秀的工匠，用心去对待每一件事。

工匠典范——“工匠精神”的践行者曹晶

第一次坐高铁来北京，第一次步入人民大会堂，第一次胸前佩戴人大代表的红色证件……回忆起 2013 年初次担起“人大代表”为民发声、为民请愿的责任和荣誉时，陕西法士特汽车传动集团公司车间工人曹晶的眼中还是有藏不住的激动与喜悦。

2016 年是曹晶履行代表职责的第四个年头，相比于第一次当选人大代表时的欣喜，如今，他的脸上写满稳重与担当。“通过四年的履职，我深刻地理解了，人大代表不光是一种称谓，一种荣誉，实际上还有更多的历史使命和责任感，人大代表就一定要为人民发好声。”

从普通的数控车工到全国人大代表

要说什么职业最能给人带来成就感，曹晶的回答一定是技术工人。

记得初次来工厂的车间参观，曹晶看见工人师傅熟练地操控机床，不一会儿的工夫就把粗糙的毛坯加工成一排排亮晶晶的产品，他就觉得技术工人是个十分了不起的职业，并梦想着有一天自己可以成为所有机床都会开、什么活都会干的技术高手。

就这样，1993 年，曹晶正式成为陕西法士特汽车传动集团公司的一名普通车床操控工。1999 年，企业开始订购大批数控机床并从此迈入数字化时代，技术工人也要尽快转变从普通机床到数控机床的操作方式。

“数控机床是把机械加工和计算机技术完美地结合在一起，可我连计算机都不会，更甭说掌握数控机床了。”面对企业机械化的革新，要想把工作干出彩，曹晶唯一能做的就是顶着压力把数控机床这个新玩意琢磨透。

为了更快地提高自己的专业技能，曹晶开始通过一次又一次的职业考试来加强理论学习与实践操作能力。在 2006 年的第二届全国数控技能大赛陕西选拔赛上，他取得陕西省第五名的佳绩，并被授予“陕西省技术能手”的称号。

可是，对于这些在别人看来极其耀眼的成绩，在曹晶的心中却满是遗憾。“在初赛的时候，我理论阶段考试拿的是第一名，但到了实操环节，我发现比赛使用的数控设备和平常使用的数控设备不太一样，那时候就觉得有点蒙，只能一边比赛一边自己摸索学习，最后也没有达到我预期的效果。”

其实，要想成为一名顶尖的数控技术工人，并在全国比赛中脱颖而出，在有工作基础的情况下，至少也要经过三个月的高强度训练，如果毫无经验，那么为比赛所花费的时间也不止一年半载。

这次比赛的“失利”让从来都不故步自封的曹晶更加懂得学习技术不能停的重要性。曹晶所在的公司曾经面临过一个技术难题，就是在加工中间轴齿轮时，滚齿上的毛刺都要由工人手工去除，既费力又无法保证质量。曹晶认真研究后，最终设计制造出了一台专用去毛刺机，公司在这项工作上实现了机械化。机器应用后，工人的劳动强度降低了，成品的质量得到了大大的提高。

2008 年，曹晶在第三届全国数控技能大赛上获得陕西省第一名，摘得陕西省“技术状元”的桂冠。在企业领导和工友们的支持下，他成为首席技能培训师。曹晶说，他很感谢企业领导对他的栽培与信任，满满功勋应有企业的一大半。

2012 年，党的十八大报告中提出，要提高基层人大代表特别是一线工人、农民、知识分子代表比例，降低党政领导干部代表的比例，曹晶有幸成为一线工人代表中的一员。

“精益求精，严谨专注，专业敬业，把品质从 99% 提高到 99.99%的卓越追求。”2016 年“两会”，工匠精神首次登上政府工作报告，而对曹晶来说，他一直都是坚守在车床工一线的“大国工匠”，其利虽微，却一直都在为整个行业乃至“中国制造”添砖加瓦。

工友心中的“老大哥”呼吁发展职业教育

不忙的时候，很多工友和同事都很喜欢来找曹晶聊天，聊工作，聊生活，聊行业发展与未来规划，而曹晶也像老大哥一样倾其所有地把自己的经验传授给他们。每次“两会”之前，曹晶都会把工友们平日里提问最多、最有价值的问题梳理出来，把一线工友们的实际困难和心声带上“两会”。

近年来，曹晶多次呼吁企业技术工人实行不同行业、不同岗位相应的最低工资标准，特别是对高技能人才要实施国家津贴制度等相关建议，他以广大工人的切身利益为出发点，积极维护和保障工人权益。

2016年，曹晶把目光聚焦在职业教育发展的短板上。“现在很多国有企业的技术骨干和中坚力量的平均年龄都在40岁，而这些人正是当初大办技校的时候培养出来的技校生。”

由于工作关系，曹晶经常会与职校老师打交道，他发现职业教育中存在职业学校招生批次靠后、人员素质较低、师资质量较低、师资待遇落后等亟待解决的问题。

“当前，国家把企业作为创新的主体，希望企业在国家创新发展的过程中起到更大作用。可是如果职业院校持续低水平的进入的话，国家提出‘中国制造2025’的行动纲领实施起来就有很多困难。”曹晶说。

工资低、工作环境差、社会地位不高是技能从业者目前生存的现状，每名从业者都希望通过自己的劳动和努力改善生活。这个过程中，国家需要在制度层面上给予他们保障，首先要从重视技能工作开始。“我国在职业教育方面虽然做了很多的工作，但是行业领域的差别也还是存在的。”

为了让大家公平地享受改革开放的成果，让更多的人拥有获得感，曹晶格外重视职业人才培养，提出规范职业技能资格管理，设置职业教育改革试验区，提高职业从业人员待遇水平，尤其是提出校企合作的建议。

从 1993 年参加工作至今，曹晶虽然已经取得陕西省首席技师、西安市劳动模范等多项荣誉称号，但是他仍然坚持奋战在工作一线。

“年轻人一定不能好高骛远，要培养自己非常好的学习能力，适应社会的发展，主动面对社会的需求，去补充自己的短板，提高实践的能力。坚持学习，善于创新，对以后的职业发展会有帮助。”干一行、爱一行，发扬“钉子精神”，这是曹晶对年轻朋友们的中肯建议，也是他从业路上的坚持与信仰[①]。

---

① 摘自《全国人大代表曹晶：“工匠精神”的践行者 工友心声的发言人》，中国青年网 2016 年 3 月 11 日，有改动。

第八章　工匠精神之坚持

法国批判现实主义作家司汤达曾说过："一个人只要强烈、坚持不懈地追求，他就能达到目的。"

我们每个人，无论对于生活，还是对于事业，都会有自己的目标，在实现目标的征途中，不可能一帆风顺，总会遇到这样或那样的困难与险阻，在遇到这些困难与险阻时，要坚持不懈地朝着目标进发，只有这样，目标才能最终达成。

第一节　锲而不舍，金石可镂

荀子在《劝学篇》中说："锲而舍之，朽木不折；锲而不舍，金石可镂。"意思是说，只要坚持不懈地努力，即便是再难的事情也可以做好。

无论是做人还是做事，都应具有坚持的精神。坚持的过程是枯燥的，是孤单的，是不被人理解的。当全力以赴地做一件值得做的事但不被别人所理解时，就会感受到巨大的压力，会使我们在努力的过程中分心，不利于完成这件事，这时就会有很多人因为背负不了这巨大的压力而最终放弃。还有的人因为害怕一次次的失败，心理上承受不了，最终也放弃了。

被誉为“发明大王”的爱迪生在寻找适合做灯丝的材料时，经历了一次又一次的失败，但他并没有气馁。面对别人的冷嘲热讽，他持着毫不在意外界的看法，依旧认认真真地实验，最终找到了适合做灯丝的材料。尽管别人不理解，但爱迪生依然坚持着自己的信念，最终获得了成功。所以只要坚持，只要有恒心、有毅力，正确地看待挫折，就一定能获得成功。

有一个非常出名的1850次拒绝的故事：

在美国有一位穷困潦倒的年轻人，即便是把身上全部的钱加起来，也不够买一件像样的西服，但他仍全心全意地坚持着自己心中的梦想，他想做演员，拍电影，当明星。

当时好莱坞共有500家电影公司，他逐一数过，并且不止一遍。后来，他根据自己认真划定的路线与排列好的名单顺序，带着自己写好的量身定做的剧本前去拜访他们。但第一遍下来，500家电影公司没有一家愿意聘用他。

面对百分之百的拒绝，他没有灰心，从最后一家被拒绝的电影公司出来之后，他又从第一家开始，继续他的第二轮拜访与自我推荐。

在第二轮的拜访中，500家电影公司依然拒绝了他。

第三轮拜访结果仍与第二轮相同。他咬牙开始他的第四轮拜访，拜访完第349家后，第350家电影公司的老板破天荒地答应愿意让他留下剧本先看一看。

几天后，年轻人获得通知，第 350 家电影公司请他前去详细商谈。

就在这次商谈中，这家公司决定投资开拍这部电影，并请这位年轻人担任自己所写剧本中的男主角。这部电影名叫《洛奇》，这位年轻人的名字叫西尔维斯特·史泰龙。

这是典型的美国梦，道理却是世界性的。

坚持，是一个人意志力的表现，更是一个人是否具有工匠精神的具体体现。正是因为史泰龙的坚持不懈，才使得有一家电影公司看到了他的剧本，也正是因为他的坚持，才让这家公司对他另眼相待。

在中国，在长安汽车股份有限公司（以下简称“长安汽车”）也有这样一个人，他从一个木匠出身，最终成为一名中国汽车发动机维修专家，在这两个风马牛不相及的行业中，张永忠却实现了华丽的蜕变转身。

1983 年，张永忠脱下一身“橄榄绿”，来到长安汽车，并被分配到当时的 31 车间从事木工工作。次年，正值公司研制发动机之初，由于他踏实的工作作风和勤学好问的钻劲，领导和同事们推荐其从木工岗位调离，从事汽车发动机的组装调试工作。这便是张永忠与发动机“不解之缘”的起始。

在汽车发动机的组装调试这个全新的领域里，他从一个个螺钉干起，从基本的零件名称学起，装配、磨合、调试，不分工种，什么都干，为长安汽车第一台江陵发动机的点火成功付出了无数的心血和汗水。

时光如梭，30 多年来，张永忠始终“干一行、爱一行、钻一行”，经他手调修好的发动机已经数不清有多少台。在这期间，他先后被评选为工厂“十佳能手”、公司一级技能师、重庆市劳动模范、中国兵装集团技能大师、全国技术能手，并获得中华技能大奖等。

荣誉的背后，像“老黄牛”一样奋力行走了 20 多年的张永忠积劳成疾，双腿股骨头坏死。他忍着剧痛坚持上班，直到医院发出通牒——再不手术就瘫痪了。

术后不到 1 个月，张永忠再次返回工作岗位。尽管拄着双拐行动不便，他依然保持着昂扬的精神和勇往直前的干劲，哪里有问题，哪里就有他。他的足迹遍及祖国大江南北，哪里有发动机的“疑难杂症”，他就在第一时间赶到哪里，挽袖上阵直至故障排除。

“张永忠是中国汽车发动机维修的‘老中医’。”张永忠的同事说。他眼睛很亮。一次，他发现即将发往南美的上千台发动机排气管状态错误。他在第一时间反映了问题，避免了工厂更大的损失。他耳朵很灵，总是能从撞击声音中察觉质量问题。有一次，他在巡查时听到工人在撞击打力过程中的撞击声音似乎和标准力度下发出的声音有些出入，他赶紧查看仪器的显示，果然发现了连杆螺母力矩小的质量问题。

如今，张永忠自创的“望闻听切”诊断方法已经成为发动机维修宝典。这一方法被命名为“重庆市职工经典操作法”，为长安汽车品牌质量提升、中国汽车动力发展做出了不可磨灭的贡献。

因为工作职责的关系，发动机维修经常遭到用户的抱怨甚至辱骂。每当遇到这种情况，他总是耐心解释，以事实让用户“抱怨而来，满意而归”。

2013年3月4日，贵州维修站反馈一辆“欧诺”发动机异响，维修站多次维修无法排除。用户强烈要求更换发动机总成，并说出“今天不把问题解决就砸了维修站”的过激言论。张永忠听闻后立即赶赴现场与其进行沟通，凭借多年的维修经验，他快速锁定原因：由于用户使用劣质汽油造成发动机工作异常、爆震异响。现场路试结果表明，张永忠发动机维修功夫确实了得，而这位用户也为自己最初出格的言行表示了歉意。

张永忠不仅是技术能手，还是创新的排头兵。在江北发动机工厂，大家都知道张永忠攻克G系列气门调整螺钉的故事。

在一次技术交流中，张永忠发现G系列气门间隙调整合格率低，调整螺钉和摇臂报废率高，且费时费力，严重影响生产速度。为提高生产效率，他首先找到日本厂商询问，是否可以提供调整气门间隙的专用工具，但对方提出需要将相关部件资料运回日本本土进行开发，且不保证完全解决问题，价格也相当昂贵。

这让张永忠非常愤慨。“不求别人，我自己来！”

有些“赌气”的张永忠日夜鏖战，自己动手设计、画图纸，试验，再修改，再推翻重来……通过反复的实践和摸索，一个又快又能保证质量的专用工具、工装终于研制成功并投入使用，其装配合格率达100%，报废率为零，不但突破了生产瓶颈，还获得了国家专利。

据不完全统计，从2002年至2016年，张永忠从事售后服务解决用户抱怨问题50余起；解决发动机疑难杂症400余起，解决发动机质量问题300余起；同时，张永忠还积极组织和参与各类技术攻关：

其组织参与技术攻关70余起，创造经济价值5000余万元，通过攻关的技术创新，其个人获得3个国家专利；此外，他还积极参与员工合理化建议活动，所提出的合理化建议为公司节约资金3000多万元。

张永忠说，把自己多年掌握、练就的维修技巧传授给更多的年轻员工，是他的最大愿望。为此，他与公司几十名年轻员工签订了“名师带高徒”的配对协议，不但把技术技能传授给大家，还亲手带出了一支熟练掌握发动机调修的国家级全能团队。如今，他的全能团队中，有公司二、三级技能师5人，高级技师25人，技师100余人，在兵装集团技能大赛中屡获发动机装调项目一、二、三等奖。长安汽车现在的发动机调修一线技术骨干中，有80％接受过他的指点。

张永忠深知，仅凭一个或几个人的力量远不能满足服务的需要，于是在他的倡议和带领下，2006年公司组织成立“张永忠服务小分队”，走访了重庆近郊300多个维修服务站，解决问题400多起。

如今，长安全国各地维修服务站员工遇到棘手问题时，都会向张永忠请教，张永忠不仅不嫌麻烦，而且很开心，因为让每台发动机都拥有强健的“心脏”是他最大的心愿。

“人的生命是有限的，但为人民服务是无限的，我要把有限的生命投入到无限的‘为人民服务’之中去。”这是张永忠的座右铭，更是他一直追求的目标①。

---

①　摘自《张永忠：从木工岗位走出来的汽修“老中医”》，中国经济网2016年5月3日，有改动。

张永忠用 30 多年的坚持不懈的坚实步伐向世人展示了“有志者事竟成”的真理。

坚持可能是痛苦的、枯燥的、令人厌烦的，但是坚持过后的精彩却是美丽的、幻彩的、充满欣慰的。我们朝着心中既定的目标前行，必定要经历险阻，只要内心中秉持坚持不懈的坚定决心，必将到达最美的峰巅。

坚持是幸福的，因为有了坚持，人生才有了向上的活力；因为有了坚持，人生才有了前进的生机。当将坚持作为一种习惯，渗进精神的骨血中时，做任何事情都会觉得容易，任何目标也会容易达成。

英国前首相丘吉尔在他生命的最后一次演讲中只讲了两句话，而且都是相同的：“坚持到底，永不放弃！坚持到底，永不放弃！”

在追求成为优秀工匠的这条道路上，我们也应秉持坚持不懈、坚持到底、永不放弃的理念和决心，最终也必将达到成为优秀工匠的顶峰。

第二节　绳锯木断，水滴石穿

“绳锯木断，水滴石穿”出自宋代罗大经的《鹤林玉露》卷十：“一日一钱，千日一千，绳锯木断，水滴石穿。”关于这句古语，罗大经在《鹤林玉露》中记载了这样一个小故事：

北宋官员张乖崖任崇阳县令时，看到有一个小吏从库房里出来，在小吏的鬓角旁边、头巾下面有一枚铜钱。于是张乖崖就问小吏这钱是怎么回事，小吏回答说是库房里的。张乖崖就命令手下给这个小吏打板子的处罚。

小吏不服，勃然大怒道："不就是一个小钱么，这又算得了什么？还值得打我吗？你能打我，总不能杀了我吧？"

张乖崖愤然振笔疾书，给这个小吏下了判决："一日一钱，千日一千，绳锯木断，水滴石穿……"并亲自处置了小吏。

事后，张乖崖将此事汇报上级，申请上级对自己进行弹劾。

这里，我们不讨论张乖崖仅因为一个铜钱而处置了小吏是否合适，也不研究他私自行刑是否合法，我们研究他所说的"一日一钱，千日一千，绳锯木断，水滴石穿"所呈现出的道理。其从表面意思来看，一些小的积累可以成就一些大的结果，即积少成多。将这句话放在现代，能引申出更深层的意思，即坚持。

"绳锯木断，水滴石穿"的来源可以上溯至汉代。《汉书·枚乘传》记载，枚乘给吴王刘濞的上书中说："泰山之溜穿石，单极之绠断干。水非石之钻，索非木之锯，渐靡使之然也。"意思是说，泰山的泉水能把石头滴穿，汲水的井绳能将井架磨断，但水并不是给石头打眼的钻子，井绳也不是用来拉开木料的锯子，之所以有这样的结果，是因为天长日久不停地摩擦。

"坚持就是胜利"，是说做任何事，只要坚持下去，最终总会见到曙光，总会得到收获。

大科学家爱因斯坦曾做过以下的实验：

他从村子里找了两个人，一个愚钝且软弱，一个聪明且强壮。爱因斯坦找了一块两英亩左右的空地，给他们两个同样的工具，让他们在其间比赛挖井，看谁最先挖到水。

愚钝的人接到工具后，二话没说，便脱掉上衣干起来。聪明的人稍做选择也大干起来。两个小时过去了，两人均挖了两米深，但均未见到水。聪明的人断定选择错了，觉得在原处继续挖下去是愚蠢的，便另选了块地方重挖。

愚钝的人仍在原地吃力地挖着，又两个小时过去了，愚钝的人只挖了一米，而聪明的人又挖了两米深。愚钝人仍在原地吃力地挖着，而聪明的人又开始怀疑自己的选择，就又选了一块地方重挖。又两个小时过去了，愚钝的人挖了半米，而聪明人又挖了两米，但两人均未见到水。这时聪明人泄气了，他断定此地无水，便放弃了挖掘，离去了。而愚钝的人此时体力不支，但他还是在原地挖，在他刚把一锹土掘出时，奇迹出现了，只见一股清水正汩汩而出。

上述故事告诉我们的道理是坚持就是胜利。

在如今这个充满诱惑且浮躁的现代社会中，我们尤其需要秉持坚持不懈的信念对待生活和事业。只有这样，才能到达人生和事业的顶峰，获得其他人所无法获得的成就，看到别人看不见的美丽风光。

被誉为“工人院士”的李万君凭借一把焊枪及数年的坚持，成就了中国高铁的提速梦，跻身“大国工匠”荣誉殿堂。

1987年8月，19岁的李万君职高毕业，被分配到长春客车厂（现为长春轨道客车股份有限公司）电焊车间水箱工段。焊枪喷射着2300℃的烈焰，瞬间将钢铁熔化。焊工们在炎热的盛夏焊着客车上供水的水箱、制动的风缸，车间里火星四溅，烟雾弥漫；声音刺耳，味道呛鼻。

披挂着厚重的帆布工作服，扣着封闭的焊帽，李万君和工友们在烟熏火燎中淬炼意志。一年后，当初和他一起入厂的28个同事中25个离了职，李万君留了下来。师傅们都说李万君黏人，问题问得太细。厂里要求每人每月焊100个水箱，他总会多焊20个；厂里两年发一套工作服，可他一年得磨破四五套。

入厂第二年，李万君在车间技能比赛中夺冠。1997年，他首次代表长春客运厂参加长春市焊工大赛，虽然是最年轻的选手，三种焊法、三个焊件使他将三个第一轻松收入囊中。此后，经常与不同单位焊接高手切磋的李万君技艺越来越高，并顺利考取了碳钢、不锈钢焊接等6项国际焊工（技师）资格证书，成为全能型焊工。20米外，只要听到焊接声，李万君就能判断出电流电压的大小、焊缝的宽窄、焊接品质如何，绝无差错。

很快，李万君小有名气了，厂里的尖端活、关键活都找他。有一年，工厂水管冻裂了，水一直哗哗地流，生产无法正常进行。可修理的时候，带压焊接一焊就噗噗冒气，经验丰富的老师傅也没了主意。车间主任找来了李万君。李万君仔细观察，反复琢磨，在裂口处焊上了一个带螺纹的管座，让气体从中排出，解决了难题。

直到今天，李万君还是常常提起当年厂里流行的一句顺口溜："远看像逃难的，近看像要饭的，仔细一看是水箱工段的。"李万君说，焊工是非常苦、非常累的工作，只有感兴趣才能热爱，热爱才能敬业，才能豁出去，让技术在手中升华。

在短短6年时间里，中国高铁完成了时速250千米、350千米、380千米的“三级跳”。高速度需要高技能人才队伍支撑，李万君主动请缨，传技能，教绝活。2013年，长春市焊工比赛的前三名都出自李万君门下。多名徒弟岗位成才，成为技师、高级技师和操作师，在高铁生产中挑起大梁。

2008年，公司引进德国西门子时速350千米高速动车组技术，但与之相匹配的大量高技能工人却一时难求。德国提供的转向架焊接试验片只有李万君一人能焊出来。为了新项目，公司成立了新产品车间，抽调高素质人员，还从技校招来了400多名学生让李万君培训，要求短时间内迅速形成生产能力。

德国的工艺标准是全新的，李万君从头学起，常常彻夜不眠，思考如何将复杂的工艺操作过程分解成具体的步骤教给学员。那时候李万君上厕所都一路小跑，生了病就用药顶着，体重减了20多斤。最终，400多名学员全部提前半年考取了国际焊工资格证书。德国西门子的焊接权威布鲁诺竖起了大拇指说：“李，你创造了奇迹！”

现在，这些经过李万君培训的员工已成为时速380千米动车组的生产主力，也使公司焊接技术整体水准与欧洲西门子实现同步。“李万君国家技能大师工作室”成立了，这里既是传承技术的培训站，也是解决企业生产难题的攻关站。不仅培训企业内部和吉林省内其他企业的焊工，李万君还赴新疆阿勒泰地区对400多名技术工人进行培训，把自己的技能变成社会财富。

“我的技能传给企业和社会才更有价值。”李万君说，“大国工匠就应该把本事总结出来，把技能传承下去，把创新开展起来，为中国梦提速。”

2007年，作为全国铁路第六次大提速的主力车型，时速250千米动车组在公司试制生产。列车转向架横梁与侧梁间的接触环口是承载整车约50吨重量的关键受力点，按常规焊法焊接段数多，接头易出现不熔合的缺陷，品质无法保证，一时间成为阻碍生产的“拦路虎”。

“能否一枪把这个环口焊下来呢?”李万君提出这个想法，来自阿尔斯通公司的法国专家认为不可能。经过1个月的反复钻研摸索，李万君总结出“构架环口焊接七步操作法”，一枪焊完整个环口。这连最先进的焊接机械手也无法完成的操作使倨傲的法国专家也对中国工人竖起了大拇指。

中国高铁搭载着中国梦提速，而高速度更要有高品质做保证，李万君在品质管理创新上大显身手。“原来我们生产的列车时速80千米，只要焊结实就行，外面的焊渣都不用清理。”李万君说，现在时速300千米的高铁，掉一个焊渣都可能造成重大事故，所有焊件必须表里如一、没有瑕疵，每一个焊件都得是艺术品。

为了做到这一点，李万君编辑了图文并茂的《焊接典型品质问题汇编》，制定了《转向架铆焊工标准操作手册》，提炼出焊接艺术化标准，让严谨的制造态度成为焊工标准规范的操作习惯。他随时发现生产上的问题，创新工艺，填补了我国氩弧焊焊接转向架环口等方面的空白，以高超技能和实践经验完善“大国制造”。

2011年以来，李万君带头完成国家发明专利21项，革新70多项，重大技术创新10多项，取得“五小”成果150多项，获奖104项。在打造中国高铁金名片的路上，“大国工匠”李万君在坚定地前行①。

① 摘自《“工人院士”李万君：大国工匠为中国梦提速》，新华网2006年4月30日，有改动。

数年中，李万君和他的同事们坚持不懈地努力，经历了一次又一次的工艺改进，克服了一个又一个的艰难困阻，最终完成了中国高铁的提速。这数年的默默坚持和用心做事，正是工匠精神的体现，这也体现了一名工匠所应具有的品质。

绳锯木断，水滴石穿，功到自然成。成功之前难免有困惑、有迷惘、有徘徊，但只要坚持不懈地努力，就一定会克服困难，获得成功。

成功需要坚持，需要对自己的目标执着坚守，永不言弃，不管遇到多大的困难，不管在别人看来是多么不可能，只要是自己认准的目标，就一定要坚持到底，最终成功也一定属于你。

第三节　功夫日深，铁杵成针

唐代大诗人李白小时候并不是一个爱学习的孩子，他很贪玩。父亲为了让他日后成为有用之才，就把他送到学堂里学习，希望在好的环境中教育他成长。但是，李白并不喜欢学习诸子百家的学说，觉得很枯燥，很不“好玩”，学习起来很困难，于是就经常偷偷跑出去玩。

有一天，李白没有去学堂，而是跑到一条小河边玩。在小河边，他看到一位老婆婆正在河边的石头上磨着一根很粗的铁棒。李白很好奇，于是走上前去问道：“老婆婆，你在干什么？”

“我在磨针。”老婆婆一边磨着一边回答他。

“磨针?!用这么粗的铁棒磨成一根针？这怎么可能？这得什么时候能磨成啊?”李白惊奇地说道。

老婆婆这时抬起头，停下手，和蔼可亲地对李白说道：“孩子，这根铁棒虽然粗，但是我只要天天磨，水滴尚能穿石，终有一天这铁棒也能被我磨成绣花针的。”

听着老婆婆的话，李白很受感动，心想：“是呀，做事只要有毅力，只要天天坚持，而不是遇到困难就退缩，什么事都能做好的。难道读书不也是一样的道理吗?”

自此之后，李白刻苦读书，认真学习，最终成为一名世人皆知的诗人。

这个故事后来被世人流传下来，逐渐演变成了如今我们所熟知的“只要功夫深，铁杵磨成针”，意思是只要坚持做一件事，任何看似不可能的事情，最终也都会做成。

工匠就是在平凡的岗位上成就了不平凡，在精益求精中磨炼了耐心，在精雕细琢中铸造了意志。

在现实生活中，其实有很多人都是在重复地做着一份工作，看似很简单的工作，做得久了，做得熟练了，做得任何人都比不上你熟悉这个工作了，那么你就成了这份工作的行家里手，其他人遇到问题时便会向你请教。

美国的“钢铁大王”安德鲁·卡内基当过信差，记过账，当过电报收发员、秘书，还当过铁路管理局局长，最后成为世界闻名的钢铁公司的首脑，资产超过1亿美元。之所以有如此成就，与他少年时当信差的经历是密不可分的，那份单调重复的工作磨炼出了他钢铁一般的意志力，让他做什么事情都能沉心静气。

少年时卡内基家里很穷，为了生计，14岁的卡内基在一个电报公司当送电报的信差。信差的工作在邮局的岗位序列里面是最低级的，挣的钱是最少的，但工作强度却是最大的。而且，工作时间长了会变得极其乏味，枯燥无聊到每一分每一秒都干同样的“活儿”。

和卡内基一起进去的人，大部分是成年人，他们在干过一段时间后，认为这个工作简直就是在折磨人，没多久就离职了。只有14岁的卡内基对这个单调的工作充满激情，他心里明白，自己赚的这点薪水对他的家庭是多么重要。

为了让这份单调的工作变得不那么枯燥，卡内基总是想尽一切办法丰富自己的工作内容，利用业余时间来学习与本职工作相关的技能。那时，他每天都是提前1小时到达公司，打扫完之后，他就悄悄地跑到电报房，在一旁看着报务员操作电报机，在心里默默地记下操作的程序。一年后，由于工作出色，卡内基成为管理信差的监督者。

一天早晨，卡内基与往常一样，走进电报房。恰巧来了一份紧急电报，当时报务员不在，对此工作已经轻车熟路的卡内基立即动手收报，并送到收报人的家里。公司总经理听了卡内基的汇报之后，对他的做法大加赞赏，并把他的薪水加到了13.5美元。这对于一个孩子来说，真是一笔巨款。从此以后，卡内基的工作热情更大了。

就是单调而枯燥的送报工作，卡内基一干就是3年多，在这3年多的时间中，他不但把本职工作完成得非常好，还养成了边工作边学习的好习惯，技术也大大提高，成为大家工作的典范。

附近铁路公司的斯考特局长被卡内基安于本分、脚踏实地的工作作风打动了，对他非常赞赏，就想尽一切办法把他调到铁路的斯考特事务所，一方面让他做报务员，一方面授权给他监督公司内的会计。卡内基从此开始了走向成功的第一步[①]。

试想一下，如果当初卡内基没有忍受住信差工作的辛苦磨难，那么他也就无法养成踏实工作和爱学习的好习惯，也就不会有后来的成功。

其实任何一份工作，都是在重复着一系列的动作，而且做得时间越长，这种重复也就越长。但也正是这些重复性的动作，磨炼了我们的意志，增强了我们的耐力。

俗话说："冰冻三尺，非一日之寒。"意思是说，任何一件事情都不是一蹴而就的，任何功夫都不可能是一天练成的。只有洒下无尽的心血与汗水，秉持忠诚的坚持，才能到达事业的顶峰，做成别人所无法达成的成就。

天下无难事，难的在于持之以恒。只有坚持始终如一，才能使自己的技能得到提升，才能使自己的技艺达到炉火纯青的地步，而浅尝辄止、半途而废的人是一定无法成功的。

工匠典范——"园林铁军"刘新利的绿色梦

生态兴则文明兴，生态衰则文明衰。"绿水青山就是金山银山"已成为千万群众自觉保护生态文明的践行理念。刘新利作为北方园林的代表人物，在护美绿水青山、做大金山银山的过程中起到了表率作用。刘新利是"美丽中国"的追梦人，是一个为绿色信仰奋斗的共产党人。

---

① 摘自学习型员工·素质建设工程教研中心：《传承工匠精神　争做优秀员工》，企业管理出版社 2016 年版，第 154—155 页。

一生只做一件事：保护生态环境

大乳山位于山东威海乳山市，因山峰突兀极像母亲的乳房而得名。几千年来，大乳山传递着伟大的母爱文化，哺育着这里的中华儿女生活繁衍。生活在这里的人们敬仰这座山、崇拜这座山，亲切地称它为母亲山。然而，十几年前的大乳山土地贫瘠，沿海礁多滩少，光秃秃的山上几乎寸草不生，浅海处乱石砌起杂乱无序的养殖池，沙滩上的垃圾、破渔网、蛤蜊壳沉积成堆，板结的盐碱地上遍布凌乱的挖沙坑，海风卷起尘土裹着垃圾碎片在半空中打旋儿……曾经美丽富饶的大乳山成了时代的弃儿。

2004 年的一个夏日，园林专家刘新利站在了位于北纬 37°线的山东半岛大乳山上。面对集山、海、岛、滩、湾于一地的这方土地，刘新利不禁感叹："这里不缺少美，而是缺少生态、缺少爱！园林工作者是发现美、创造美的群体。"在夏日的夕阳下，刘新利的脑中已经在大乳山的白纸上勾勒出一幅"清明上河图"似的美丽长卷，并在心中孕育了未来景区的母爱文化的定位。

经过一个星期的切磋，他和乳山市政府签订了开发建设大乳山的合作意向。很快，总规划面积 52 平方千米、计划投资 30 亿元的大乳山滨海旅游度假区被山东省发改委正式立项，乳山市委、市政府把大乳山托付给了值得信赖的高级园林工程师、共产党员刘新利。

2005 年元旦刚过，刘新利告别了亲人，走出省会济南温馨的家门，顶着料峭春寒，住进了大乳山的简易工棚。

那年，北纬 37°线上的大乳山还没有绿色，刘新利栽下的第一棵树就是他自己。

敬畏土地，致力绿色崛起

刘新利认为，对土地要有敬畏之心，不能随便破坏，招惹了土地是要得到惩罚和报复的。基于这个思想，他一到大乳山就下大功夫改造环境，恢复生态。

刘新利先下手清理海边的垃圾污泥，拆除污染环境的养殖池，在入海处建起 1000 米长的堤坝，阻止污水污物入海；他将坝内大片沼泽地改造成了一个布满小岛的湖泊，又在湖边筑起钓鱼台，建起耕渔酒店，使其更有耕渔之趣；他在废弃的采石场上建起时尚歌厅……

改造环境的重中之重是植树。刘新利着手植树时，没有轰轰的开山炮声，只有原始的铁锹铲土的声音。种树队伍都是由当地的渔民、农民组成的，他们缺少专业园林知识，刘新利亲自做示范，栽种每一棵树，都要像呵护一个初生的婴儿。

他带领员工一年四季不停地植树，在景区的大小山头上栽种各种树木 1800 万棵，种植灌木花草等植被 500 万平方米，使原来光秃秃的山上又披上了绿装，成了花园，成了森林，有了草场。他花大钱在景区修建了 12 处污水处理系统和许多块大小不一的湿地，使处理过的中水经湿地降解、分解，再用来灌溉植物，经过土地过滤后成为净水，最后流入大海，真正达到了无污染、零排放。

山绿了，水清了，天蓝了，空气清新了，环境好了，周围群众绷紧的脸有了笑意了。时年 79 岁的刘新利写道：“大乳山麓原系荒山秃岭，经历年艰辛开发，乃成为环境良好、宜游、宜寿之风景区，非有见地、有爱心、有魄力、有办法者，岂能成此事业，有感于斯，欣然命笔。”

一心为民谋福祉，绿色承诺心系之

刘新利曾在济南市园林局、动物园、植物园担任主要领导，并获得高级园林工程师职称、“全国建设系统劳动模范”荣誉称号和全国五一劳动奖章等，先后成功开发三亚南山文化旅游区和济南红叶谷等风景名胜区。业界称他是“美的使者”“园林铁军”。

如今，刘新利已经深扎在大乳山和当地群众的心里，他对百姓的关心，不是停留在点滴利益的施舍，而是通过生态工程，让群众尽享生态之美、生态之乐、生态之福。修复自然生态，保护生态环境是其毕生的夙愿。如果说大乳山是一本需要跪着读的书，那么刘新利则是一名需要仰视的大写的人。他是一名常怀人类忧患的忠诚党员，是一名一生只做一件事情的“生态铁汉”，是一名保护地球母亲的新“愚公”，是一名具有文化情怀的“大手笔”①。

① 摘自《“园林铁军”刘新利的绿色梦》，央视网2016年7月15日，有改动。

第九章　工匠精神之进取

中国近代思想家、教育家梁启超在他的《少年中国说》中写道："惟希望也，故进取；惟进取也，故日新。"意思是：因为希望，所以进取；因为进取，所以日日更新。由此也可以看出，进取可以促成希望，从而有不断的成长与创新。

第一节　进取就是永不满足

在现实生活中，经常听到这样一些话：

"你现在已经不错了，知足常乐吧！"

"也行了，我比其他同事做得好多了。"

"别人还不如我呢，我已经知足了。"

"我已经尽力了，做到这样已经很不错了，应该知足了吧。"

……

"知足常乐"是在安慰别人、安慰自己时经常说的一句话。对于一些没有进取心的人来说，安于现状，即时享乐，这无可厚非；但是对于想要成为一名优秀工匠、跻身“大国工匠”行列的人来说，知足常乐就如同毒药一般，会毒杀一个人的进取心，从而使其成为毫无成就的普通人。

进取的根本就是永不满足。真正拥有远大目标、理想高远的人永远不会满足于现状，永远不会止步于当前，而是永远向着最好、最优秀前进。这是工匠精神的重要内涵。

一位普通的“90后”电焊工让中国技术工人的名字第一次铭刻在职业技能界“奥林匹克”赛事的丰碑上。他叫裴先锋，中国石油天然气第一建设公司第三工程处313工程队电焊技师。

2011年，21岁的裴先锋来到英国伦敦，在第41届世界技能大赛上一路过关斩将，摘得焊接项目银牌，实现了这一赛事中国人奖牌零的突破，向世界展示了中国“大国工匠”的风采。

“我是菜农的孩子。”这是裴先锋常挂在嘴边的一句话。1990年，裴先锋出生在河南洛阳洛龙区李楼乡下庄村，父母以种菜为生。初中毕业以后，为减轻家庭负担，他选择了上技校，毕业后成为中国石油第一建设公司的一名电焊工。

裴先锋的追梦历程始于一个朴素的愿望：“当工人，就当最优秀的工人!”

刚开始接触高难度的合金钢焊接时，焊道成形总是不好，裴先锋白天工作，晚上学习，找来专业书籍查找焊接相关资料，然后在白纸上设计焊道的形状、划焊条的方法。渐渐地，他悟出了许多门道，对熔池灭弧的方向、停顿时间、电流在每一层施焊时的大小做到了如指掌。

2008年年底，裴先锋代表公司技校队参加中国石油在河北廊坊举办的院校组电焊技能竞赛，第一次走出洛阳。

“上车前，师傅对我说，小裴，咱不光要能走出洛阳，坐上火车，要让自己走得更远!”师傅的话始终牢记在裴先锋心里。无论在一线工地还是竞技场上，绝不放弃、勇夺第一的信念一直激励着他。

随着我国加快从制造大国转向制造强国的转型升级，呼唤涌现更多的“大国工匠”。2010年8月，裴先锋被选送到中国石油最具实力的一建焊接研究与培训中心强化培训。这座焊培中心被业内誉为“中国高级焊工的孵化器”。

裴先锋非常珍惜这个机会，格外用心学习。焊道坡口规定要用扁铲和铁锤把多余的部分剔掉，铁锤砸肿了手，他一声不吭；双手磨出了血泡，他咬牙坚持；好几次仰脸焊接时，由于精力太过集中，铁水顺着棉工作服口袋往下流，衣服被点着了浑然不觉。

功夫不负有心人，裴先锋的焊接技术突飞猛进。2011年10月，第41届世界技能竞赛在英国伦敦举行，在这个代表国际技能和技术培训顶尖水平的赛场上，首次出现中国队的身影。

在这场比赛中，中国队共参加6个项目，派出了6名选手，裴先锋就是其中之一。最终，裴先锋以出色的技艺获得第41届世界技能竞赛焊接项目银牌。

2012年年初，获奖后的裴先锋主动提出回到他所属的313工程队，投入我国西南地区第一个特大型石油化工项目——四川炼化一体化基地施工建设中。

2014年12月，裴先锋又主动要求跟着公司海外项目队去了约旦，继续用多彩的焊花照亮青春的梦想。

“不管你从事什么职业，只要你有梦想，有为实现美好生活打拼的勇气和勤奋，有为给这个社会增光添彩的努力，就不会被辜负。”裴先锋说。

年轻的中国焊工裴先锋以自己的逐梦历程诠释了专注执着、精益求精、勤奋钻研、艰苦奋斗的匠人精神，走出了一条当代青年技能工人职业发展之路①。

“当工人，就当最优秀的工人!”正是裴先锋不满足现状的精神，使得他不断地突破自己，不断地向前、向高处进发，从而获得了“大国工匠”的荣誉。

从古至今，有着无数的人因为不满足现状而做出非凡的成就，他们的人生轨迹无时无刻不在启迪着我们，应立志高远、不断追求、永不满足，这样的人生才会精彩，才会完美。

宋儒语录经典之作《二程语录》中写道：“君子之学必日新，日新者日进也，不日新者必日退，未有不退而不进者。”此话充分阐述了进取是人生的要务，特别是在快节奏的社会中，每时每刻都处于瞬息万变的状态，要想跟上社会的节拍，就必须有一颗奋发向上、积极进取的心。因为在人满为患、竞争激烈的年代，唯有不断进取，才能知难而进、勇攀高峰，从而成为时代的主流、强者、楷模和精英；唯有不断进取，才不会被风云变幻的社会所遗忘，才不会在川流不息的人群中迷失自己的方向，才不会因似水流年匆匆而过感到惋惜。

① 摘自《“90后”裴先锋：“匠人精神”成就“大国工匠”》，新华网2015年11月18日，有改动。

第二节　进取就是天天向上

有这样一个故事：

一个徒弟学艺多年，自认为把师傅的本领全都学到手了，就去见师傅，说："师傅，我已经把您的手艺全部学到了，可以出师了吧?"

师傅看着得意扬扬的徒弟，问道："什么是全部学到了呢?"

徒弟说："就是满了，装不下了。"

师傅笑笑，吩咐他去拿了一只碗，然后让他拿着这只碗在院子里装满了石子。徒弟依照师傅的话做了，将装满石子的碗放在了师傅面前。

师傅问他："满了吗?"

徒弟答道："满了。"

师傅笑笑不语，然后抓起一把沙子，放在石子上，沙子渗进了碗里，没有溢出。

师傅又问："这次满了吗?"

徒弟想了一下，说："满了。"

师傅又笑笑，然后将一只小茶杯里的水倒进了这只碗里面，水很快就渗进了沙子里面，也没有溢出。

"你确定满了吗?"师傅又问道。

这次，徒弟深感惭愧。

一个简短的小故事却蕴含着人生大哲理：进无止境，人生也只有永不满足，天天向上，方能不断进步。

“大国工匠”张文良虽然是人们口中的“90后”，但是已经获得了“全国技术能手”“全国青年岗位能手”“全国向上向善好青年”“总公司十佳杰出青年”等荣誉。

1991年，张文良出生于辽宁省鞍山市岫岩县的一个普通的农村家庭，年幼时父亲病重离世，母亲含辛茹苦将他抚养长大。自小，母亲对他疼爱有加的同时也要求异常严格。

“母亲一直教育我不能被别人比下去。”张文良勤奋认真、不断钻研求索的精神来源于母亲要强的性格和潜移默化的影响，“从那时起，我就坚信，别人能做到的事情我也能，并且要做到更好。”

从小身处大山之中的张文良不甘于一辈子种田，提出外出求学后，母亲第一个表示赞同，并让他放心家里、严格要求自己、努力学习技术。

2008年，年仅17岁的张文良独自背上行囊来到沈阳职业技术学院模具专业求学。“当初我也不是十分了解这个专业，只知道我们生活中的大部分用品都是通过模具制造出来的。”

张文良认为，一旦做出选择，就是背着负担和理想的。

在校学习时，模具专业实习课以钳工为主，从最开始站姿慢慢练起，逐渐将学到的技术应用到实践中去。张文良说：“我逐渐确定了自己的理想，这其中的每一步都是我选择未来职业的重要一环。”

在这里，张文良认识了教会他赖以生存的技能的恩师曲骊——首届“振兴杯”全国青年职业技能竞赛冠军。

"在成长和工作中，有很多亲人、朋友、老师、同事帮助过我，而曲老师不光给予了我知识，更带领我寻找到了自己的目标和梦想，并鼓励我不断前行。"

2010年，一个偶然的机会，张文良在曲骊的办公室里看到了一个刻着"全国技术能手"字样的漂亮奖杯，这激发了他的新梦想。张文良兴奋又向往地问曲骊自己何时能参加这类比赛，曲骊表示等他技术成熟并学成毕业后，就会有机会站在赛场上展示自己的能力与风采。

同年，张文良参加了第三届全国技工院校技能大赛。由于年龄尚小、经验不足等原因，张文良在辽宁省选拔赛中并没有发挥出自己平时的水平，赛后等待成绩时显得焦躁不安。细心的曲骊很快注意到张文良的状态，及时耐心开导他，与他一同分析比赛时的表现，帮助他重塑信心。最终，张文良获得了辽宁省第三、全国第七的好成绩，成为同届钳工中最优异的学生。

现如今，在各类大赛中磨炼过无数次的张文良依然记得那次学生时代的技能竞赛，那是他向着梦想迈出的第一步，也是他不变的初心。

2011年，张文良在曲骊的推荐下成为一家非公企业的临时工。每月1200元的工资更坚定了他提升技能的决心。每天24小时中，除了必要的吃饭睡觉时间，张文良都在努力提升自己的技能，争取做到分毫不差。

所有的付出和努力都会有所回报。2012年，张文良参加了第八届"振兴杯"全国青年职业技能竞赛并获得钳工组冠军。"这次比赛给了我站在国家级的舞台的机会，圆了我期盼多年的冠军梦。"也正是这次比赛让他在行业中崭露头角，成为同行之中的佼佼者。

2013年5月，张文良终于如愿以偿，成为沈阳造币有限公司的一名维修钳工，主要从事造币设备的维修、装调等工作，也是公司里最年轻的高级技师。“走上全新的岗位，我的心里满是压力。在这里，我该怎样实现技能的再突破，怎样才能体现自己的专业价值？学习是唯一的途径。在转型发展的‘新常态’下，公司对复合型人才的培养十分重视。这为我搭建了更广阔的平台，我开始向新的目标攀登。”

入职当年，张文良参加了第九届“振兴杯”全国青年职业技能竞赛，并挑战了机械设备安装工这一全新工种。从熟悉工具到培训技能、从备战比赛到实战操作，张文良得到了朋友、同事和单位的支持。“自身发展的渴望与来自企业的期待，都化作了我从零开始，苦学、苦练机械设备安装技术的动力，最终取得了全国第三名的成绩。”

在设备维修的岗位上，张文良是一名虚心勤奋的“学徒工”，他踏踏实实地向有几十年工作经验的前辈和掌握丰富理论知识的技术人员学习造币技术。良好的专业基础优势让他更加大胆地参与到技术改造、攻关之中，以自己的才智为公司发展出谋献力。

2015年，张文良参加了沈阳市超级技工电视大赛，进入决赛的12人在四项比赛中经历连番挑战的淘汰赛，压力可想而知。最后一个项目要求是配钥匙。张文良上网查找了许多相关资料，并找到经验丰富的配钥匙老师傅详细询问、学习了需要注意的事项，还买了一把锁拆解后研究其内部构造。

最终的比赛是现场直播，要求不能触碰眼前的钥匙，仅凭目测后用坯子现场制作出能够开锁的钥匙。凭借前期的充分准备和现场的稳定发挥，张文良用时7分多钟，完美还原了对应的钥匙，斩获了冠军。

“这次比赛和以往直接测量精度的考核模式不太一样，这更加考验了镜头之中我的目测能力、加工能力、现场判断能力和心理素质。”回忆起这次比赛，张文良这么说道。

张文良十分享受全身心投入比赛中的状态，渴望在一次次挑战中不断提升能力。而赛后工作中的张文良也是毫不放松，努力找到并实现个人与企业“双赢”的最佳契合点。

张文良笑着说：“如今，我已经接触了大大小小各式设备十余种，参与完成‘五小成果’十余项，其中纪念币包装盒打号器和人工检查机与包装机下料板的制作分别获得年度十佳‘五小’项目和‘五小成果’一等奖。这些成绩虽然没有竞赛冠军的光环那般耀眼，却切实地帮助企业解决了许多实际问题，也得到了同事们的认可。”

业余时间，张文良喜欢看书和运动，有时间还会去打台球。在他看来，台球运动中的每一次的走位和对下一个球的预判都是一种乐趣，让人不由投入其中并静下心来思考。

谈及工匠精神，张文良表示现在国家对此很重视，这是对一线技工的最大肯定和最佳鼓励。随着学习传统工匠技艺，张文良结识了很多踏实工作一辈子的钳工，那种纯手工技艺背后不断精益求精的精神深深感染着他。

“我从2010年开始参加比赛，一路走过来经常是最年轻的选手。作为‘90后’，我想将‘工匠精神’发扬光大并传承下去，让更多年轻人认识、走进这个行业，一起为之不懈努力。”

2016年，张文良被评选为“全国向上向善好青年——爱岗敬业好青年”，面对荣誉，张文良这样说道：“我觉得这不仅是对我个人的认可与激励，更是对爱岗敬业精神和实干兴国信念的肯定与发扬。”

张文良认为青年人应该尽早树立梦想："引用一段我挺喜欢的话，'在这个世界只要有梦想，只要你不断努力，不断学习，不管你是不是有钱，不管是这样还是那样，你都是有机会的。'"

对于未来，张文良也有很多期待和规划。今后，张文良希望能继续站在为国造币的舞台上，不仅要像老一辈技能人才一样刻苦钻研造币技术，也要最大化地发挥一个新时代青年的创新精神，更要把自己积累的经验和技能毫无保留地分享出来，让自己的"看家本事"变成企业的"技术资源"，与更多有志青年共同进步，用自己的双手去实现一个又一个青春梦。

"现在我是企业最年轻的技师，10 年后，我想成为行业的首席技师！"张文良如是说[①]。

张文良的故事进一步告诉我们拥有一颗进取心，对于个人的成长、事业的造就有着重要的作用。

球王贝利一生之中踢进了无数个好球，他的超凡的球技不仅令千万的球迷心驰神往，也常常令球场上的对手拍手叫绝。当有人问他："你哪个球踢得最好？"他总是回答："下一个。"当他进球满 1000 个时，有人问他："你对这 1000 个进球中哪个最满意？"他回答说："第一千零一个。"正是他一如既往、天天向上的精神，使他创造出了难以超越的辉煌。

一个人要想出类拔萃，必须要有进取心，不能安于现状。主动进取的精神是一个人骨子里散发出的出人头地的劲头，它的外在表

① 摘自《"最美钳工"张文良：用双手践行"工匠精神"》，中国青年网 2016 年 6 月 3 日，有改动。

现形式就是平常所说的一个人的理想和抱负。当一个人有了想要达到的目标时，心头会涌起一种冲动，这种要行动的冲动会驱使他行动起来。当行动没有达到自己想要的结果时，就会继续行动下去。不服输的劲头是促使一个人成功的关键。

主动进取就是要不断地挑战自己，努力奋进，永不满足现状，不断为自己设立更高的目标；主动进取就是要求主动出击，主动做事；主动进取就意味着要不停地向前走，即使面对失败、挫折，也不会失去斗志。

第三节　进取就是不断超越

当代著名作家林清玄说过一句话："什么是成功的人？就是今天比昨天更有智慧的人，今天比昨天更慈悲的人，今天比昨天更懂得爱的人，今天比昨天更懂得生活美的人，今天比昨天更懂得宽容的人。"总结这句话的意思是：成功的人是今天比昨天进步一点的人。这实际上就是一种进取精神，一种不断超越自我的精神。在人生奋斗的路上，我们需要这种精神作为前进的动力和支撑。每天超越自己一点，使自己朝向更加优秀、更加成功的方向发展。

在追求成为优秀工匠的道路上，应秉持积极的心态，在每天检视自己时，能够肯定地说："今天我比昨天有了进步。"这才是一个具有成功潜质的人所应具有的品质。

哈佛大学的老师经常对学生们说这样一句话："成功并非一蹴而

就，而是日积月累的。如果我们每天都能让自己进步一点，哪怕是1%的进步，那么还有什么能阻挡得了我们最终走向成功呢？”

每天进步一点，日积月累，最终会带来天翻地覆的变化，这也正是许多“大国工匠”的成功之道。

在现实生活中，我们会发现，很多时候我们最大的敌人正是自己。当我们面临一件事因为畏难而退缩时，当我们中途放弃时，我们其实是被自己打败了，是无法超越自己目前的状态，是自己给自己设置了限制。因此，在成功路上，在超越别人之前，首先应超越的是自己。

有一个澳大利亚人，天生没有四肢，但是他却用他的实际行动做到了很多四肢健全的人也无法做到的事情，超越了很多健康的人，这个人就是尼克·胡哲（Nick Vujicic，也可译作尼克·武伊契奇）。

尼克·胡哲出生于澳大利亚，他天生没有四肢，这种罕见的病医学上被取名为“海豹肢症”。医生告诉尼克的父母，尼克·胡哲可能什么也干不了，不能走、不能跑、不能学习、不能写字，甚至连吃饭也得需要别人喂，需要父母照顾他一辈子，成为父母的累赘。

但是，尼克最终却不可思议地学会了所有的事情，甚至包括很多四肢健全的成年人都很难学会的骑马、打鼓、游泳、踢足球，他还读了大学，游遍世界各地，到处演讲，用自己的真实故事激励和启发了千万人奋勇向前。在尼克的眼中，世界上就几乎没有做不成的事情，他成为世界上最成功的人之一。尼克的秘诀就是不断学习，不断尝试，不断向不可能挑战，不断超越自我，最终成就了完美的自己。

1982年12月4日，尼克出生了，但他一生下来就没有双臂和双腿，只在左侧臀部以下的位置有一个带着两个脚趾头的小"脚"。看到刚出生的儿子的样子，他的父亲吓了一跳，甚至忍不住跑到医院产房外呕吐；他的母亲也无法接受这一残酷的事实，直到尼克4个月大时才敢抱他。

父母并没有因此放弃对儿子的培养，而是希望他能像普通人一样生活和学习。父母告诉他，绝不能相信自己什么事都做不了，而是要主动地挑战、超越自己的极限。父亲在他18个月大的时候就把他放到水里，让他学习游泳。6岁时，父亲开始教他用两个脚趾头打字。后来，父母把他送进当地一所普通小学就读。他行动需要靠电动轮椅，还有护理人员负责照顾他。母亲还发明了一个特殊塑料装置，可以帮助他拿起笔。双亲一直鼓励他学会战胜困难，他也逐渐交到了朋友。直到13岁那年，他看到一篇刊登在报纸上的文章，介绍一名残疾人自强不息，给自己设定一系列伟大目标并完成的故事。他受到启发，决定把帮助他人作为人生目标。

经过长期训练，残缺的左"脚"成了他的好帮手，它不仅帮助他保持身体平衡，还可以帮助他踢球、打字。他要写字或取物时，也是用两个脚趾头夹着笔或其他物体。"我管它叫'小鸡腿'"，尼克开玩笑地说，"我待在水里时可以漂起来，因为我身体的80%是肺，'小鸡腿'则像是推进器。"就这样，他不断地练习，不断地超越，不断地挑战自己，学会了吃饭、穿衣、游泳，学会了写字、踢足球、骑马、打鼓、冲浪、演讲等一切在别人看来几乎不可能的事情，终于成了一个能够自己照顾自己的"正常人"，他不再忧郁，不再自卑，而是自信乐观、风趣幽默，他相信自己会成功的。

尼克从 17 岁起开始做演讲，向人们介绍自己不屈服于命运的经历。随着演讲邀请信纷至沓来，他开始到世界各地演讲，迄今已到过 35 个国家和地区。他还创办了“没有四肢的生命”组织，帮助有类似经历的人走出阴影。“我告诉人们跌倒了要学会爬起来，并开始钟爱自己。不管你是什么样子的，千万别给自己设限，相信自己，就无所不能。”这是尼克鼓励了千千万万人的名言。

虽然你可能没有拥有健全的四肢，但尼克认为拥有一个健全的心灵、来自信仰的力量比什么都重要。他的演讲激励了无数的健康人，让听众知道每一个人来到这个世界上都有美好的寓意，而且即使我们的生命有诸多限制，但“只要有自信的力量，凡事都能做成”①。

人生在世，每个人都有自己的优点和长处。在生活中，不畏艰难，充分发挥自己的优点和长处，不断地超越自己的极限，打破限制，最终都会获得属于自己的一份成功。

人生短短数十年，我们没有必要去征服整个世界，只要做到不断超越自己，那就是进步。这种进取精神正是工匠精神的重要内涵，是我们在追求成为优秀工匠的路上所不可或缺的。

不断超越自己，做自己人生的主人，生命才会更加美丽，生活才会更加美好。

---

① 摘自学习型员工·素质建设工程教研中心：《传承工匠精神　争做优秀员工》，企业管理出版社 2016 年版，第 200—202 页。

工匠典范——坚守与专注 恪守平凡的“匠心”

恪守匠心，是一种态度，也是一种坚持锻造的诚意。用心斟酌每一个细节，凝神专一，技进乎道，有担当有坚守，这正是工匠精神的真正追求，也是段冲宇作为蒙牛奶源部一线一名技术员的不懈追求。

“质量之魂，存于匠心。”8 年的时间里，段冲宇在平凡的岗位上恪守职业操守，厚植工匠文化。“喝牛奶的都是你我的家人，谁也不想喝到不安全的”，怀揣着这份责任，他细心把控着奶源的第一关，专注食品安全命脉，用心打造着大家的绿色餐桌。

唯有专注，才有专业

刚到牛场的段冲宇很是不习惯，这里既没有明亮舒适的办公环境，更没有所谓高大上的办公氛围，现场浓重的牛粪味和奶腥气还时刻考验着段冲宇的耐心和责任心。

“但既然来了，就得坚持，好吃懒做的念头要不得。”对于工作，段冲宇有着自己的一套哲学，虽然直白，但却激励他坚持了下来。

检查挤奶设备，清洗和消毒挤奶及存储器具，把关各项原奶的理化指标，确保奶源的稳定性与高质量，这都是奶源部技术员每天必须完成的常规性工作。“原本以为就是简单地挤挤奶，记录记录数据，工作了才发现有那么多细节需要把控，有那么多烦琐的状况需要处理，一线的工作给了我太多实践和经验。”刚刚入行的段冲宇体会到了技术员实际工作中的挑战与艰难。

在学习与起步阶段，段冲宇每天早早起床，提早赶到挤奶现场，检查所有挤奶设备、储奶罐等各种存储器具的消毒情况，学习如何挤奶、检测和清洗设备，更经常与师傅讨教如何监控奶户以提供高质量牛奶。在积极的学习态度中，段冲宇专业上的进步有目共睹。

从一个刚入行的新人到如今的资深技术员，段冲宇通过积极学习不断提升自己的业务水平。“专业”与“专注”这种词汇，段冲宇很少说，他却用实际行动去实践。

平凡小事儿，他愿做到极致

既琐碎却又是把关的第一道关卡，段冲宇认为，他的工作丝毫不能马虎。然而，在与奶户、牧场沟通协调过程中，矛盾、争执、抱怨和各种不理解都会存在，如何化干戈为玉帛，考验的就是奶源技术员有没有四两拨千斤的用心。

回忆起自己工作中印象最深的一次协调，段冲宇觉得不得不用“棘手”形容。那是 2009 年的冬天，当时的段冲宇才刚到蒙牛工作 4 个月，就遇到了一位 60 多岁的奶农老爷爷因为不懂也没有告知把用了抗生素的奶牛赶入奶厅并完成了挤奶，导致当天所有的原奶达到临界值，没有通过检测被拒收。

段冲宇连忙在众多原奶样本中排查，将之前送审的原奶小样多番检测后，发现了根源。第二天，奶农老爷爷依旧试图让他的奶牛进入奶厅。段冲宇多番解释，抗生素对牛奶质量影响很大，这样的用药牛不符合检测规定，不能采用，但老爷爷并不理解。

考虑到对方年长不好沟通，段冲宇苦口婆心地说道：“咱们换个角度，您自己也有孙子，我将来也会有孩子，如果咱们自己的孩子喝到的牛奶不安全，又做何感想呢……”之后，他还为奶农老爷爷详细讲解了如何安全给牛用药，奶牛喂养的种种细节，并给予悉心的指导，让其收益受损降到最低。

这件小事儿并不起眼，却让同事们认可了段冲宇认真工作的态度，更看到了他工作上的细致用心。

讲究坚守，全力诠释职业精神

作为奶源监管部门的小家长，段冲宇除了自己的分内工作，每天还要安排落实所有家庭成员的具体工作，为了第一时间能排查问题，段冲宇每天会记录所辖牧场原奶所涉及的蛋白、微生物、体细胞、酸度、冰点等各类理化指标。在段冲宇看来，“工作虽然简单细碎，但关乎牛奶品质的方方面面”。

尤其针对部分老奶源基地，段冲宇更是凭借实干的态度，相得益彰地处理与供奶方的关系。由于管理水平参差不齐，奶源监管工作会出现与牧场沟通不良的状况，但是段冲宇经常积极沟通，用实际行动和对方坦诚相见，一来二去，供奶方都被他的这份真诚所折服。

“要说秘诀，就是多了一些用心和苦心。段冲宇不认为自己有什么成功的秘诀，无非是做事儿多了一份坚守。”2015 年，他所辖牧场的微生物合格率较去年同期提高了 1.5%，体细胞合格率较上一年同期提高了 4.83%，所辖牧场奶牛单产由原来的 15.6 千克/天提升到现在的 25 千克/天。

奶源技术员还要经常应对突发状况。即使在休息时间，段冲宇接到检测结果不合格的电话，也要第一时间奔赴牧场去处理，牛奶的品质由原奶决定，奶源的健康、优质是产品质量安全的源头，段冲宇深知自己的责任。

精湛独创，换来职业新篇章

最平淡无奇的生活体验有时也会蕴藏着奇妙的能量，段冲宇并未局限于自己的手头工作。在 2014 年奶源管理系统举办的首届“牛人大赛”中，他就凭借“牧场用药牛隔离报警系统”创新课题荣获了比赛的最大奖项——金牛奖。与此同时，凭借这一创新课题，段冲宇还获得2014年蒙牛集团“创新之星”的个人荣誉。

回想这一课题的诞生历程，正是段冲宇创新碰撞出的灵感。众所周知，牧场的病牛由于用药携带抗生素，挤出的牛奶若通过计量瓶最终收集到奶罐，则会因原奶指标不合格而被工厂拒收，从而导致牧场利益受损，更为甚者，原奶的质量安全直接会受到威胁。有时候因为牛圈围栏损坏，病牛会从隔离区直接跳圈，混入牛群中无法辨别。

牧场用药牛隔离报警系统，即在牛场奶厅门口处安装2~3米距离内可感知的阅读器，佩戴特殊项圈的用药病牛一旦走进奶厅门口，报警系统就会发出警告提示音提示有病牛入厅，从而让奶户第一时间将病牛隔离，保障原奶质量安全。因而牧场用药牛隔离报警系统所配备的项圈则成为病牛的特殊标志，加上报警阅读器，就可以万无一失地保证病牛远离奶厅。

创新并不是高大上的空有其表，实用的技术才是工作中最接地气的良策。段冲宇凭借自己的小创意解决了工作中的大麻烦，大大提升了工作效率，更有效地保证了原奶品质。

奶源技术员作为产品第一线的守护者，捍卫着奶源的质量安全。把每一件简单的事做好就是不简单，把每一件平凡的事做好就是不平凡。

“我很平凡，所有的奶源技术员其实都这样。”在大家眼中，段冲宇是奶源一线再普通不过的技术员，他没有任何光环，也没有任何姿态，但却有着一颗淳朴、务实的匠心。

段冲宇的直接领导、身边的同事及所辖区域的牧场老板对他最多的评价就是“踏实稳重”“精益求精”。平和的心境、开阔的胸怀，点滴的幸福中凝聚的是一线奶源技术员脚踏实地的真诚，以及平凡之路上相伴的默默无闻的付出。

“如果我不把这些事处理好，后续的生产和加工，甚至消费者的利益都会受影响，想到这些，我就不敢有丝毫懈怠了。”段冲宇平实地道出了自己的想法。也正是这颗“平凡的匠心”，才让身处奶源一线的段冲宇平凡却又显珍贵①。

① 摘自《段冲宇：坚守与专注 恪守平凡的“匠心”》，中国青年网2017年8月21日，有改动。

第十章　工匠精神之创新

《考工记》中有这样一段话："知者创物，巧者述之守之，世谓之工。百工之事，皆圣人之作也。"其中，"知"通"智"，"知者"就是研究者、创造者，"巧者"就是制造者，也就是工匠。这句话准确地说明了普通工匠和真正的大师之间最重要的差别是：普通工匠擅长重复和复制，而真正的大师则善于创新求变①。

大师是超越了普通工匠的优秀工匠。

第一节　创新就是深入研究

《论语·为政篇》中有一句话："温故而知新，可以为师矣。"意思是说，温习旧知识，从而得知新的理解与体会，可以凭借这一点成为老师了。

① 摘自工业和信息化部工业文化发展中心：《工匠精神：中国制造品质革命之魂》，人民出版社 2016 年版，第 169 页。

温故知新是一种认识客观世界及认识自己的能力，是一种人生智慧。

从旧事物中悟出新的道理来，从而做出新的创造，这是需要对旧事物进行深入研究才能得到的结果。从古至今，许许多多的优秀工匠都是在平凡的工作岗位中做出了不平凡的贡献，创造了许许多多新的有用价值。

深入研究旧事物、寻常事物，就需要保持一颗平常心、淡然心、永不言弃心，用自己的智慧充分拓展自己的思维，从旧元素中发现新的逻辑，找出新的价值，创造新的事物，这需要我们有一双善于发现的眼睛，擅长观察，有一种能够在“无”中创造“有”的精神。

在工作中，创造性是一个人应具有的基本素质，而在寻常中创造出不寻常，是优秀工匠所应具有的品质。从中国古代最优秀的工匠鲁班的身上就能看出这一点：

相传，有一次鲁班进深山砍树木时，一不小心，脚下一滑，手被一种野草的叶子划破了，渗出血来，他摘下叶片轻轻一摸，原来叶子两边长着锋利的齿，他用这些密密的小齿在手背上轻轻一划，居然割开了一道口子。他的手就是被这些小齿划破的，他还看到在一棵野草上有条大蝗虫，它的两个大板牙上也排列着许多小齿，所以能很快地磨碎叶片。鲁班从这两件事物上得到了启发。他想，要是齿状的工具不是也能很快地锯断树木了吗？于是，他经过多次试验，终于发明了锋利的锯子，大大提高了工效。

不管是野草的叶子，还是蝗虫的板牙，这些都是再普通不过的事物，鲁班却在它们身上得到了新的启发，创造出了有用的价值。

于今天，“大国工匠”也在用他们的实际行动向世人证明，他们的创新也是来自平时对寻常事物的观察和深入研究。

他是河南中南钻石股份有限公司工业电气自动化（研究员级）高级工程师；他主持研制成功人造金刚石智能化控制系统，斩获多个行业第一；他研制成功CBN（立方氮化硼）智能合成控制系统，在行业内得到全面应用；他获奖无数，成为名副其实的中国兵器集团公司科技带头人。他就是被称为“兵器大工匠”的包玉合。

1984年，大学刚毕业的包玉合进入中南钻石股份有限公司。他深知发展离不开科技的进步，由于国外这些设备的说明书都是英文，要了解新工艺就必须啃得动说明书。从1989年开始，包玉合就开始自学英语。他买了新概念英语和英汉小字典，一天学习50个单词，一年就积累了2万个单词量，能够熟练地翻译国内外技术专著。

1999年，包玉合在领导的支持下成立了工作室，自己挑了几个人开始搞技术研究。他查阅国内外技术专著和论文，几乎天天待在实验室里。经过一年研究取得重大成果，包玉合终于突破了把石墨变成金刚石的技术，制作出了第一台样机。

金刚石晶体是在高温高压腔体内形成的，要直接获取高压腔体内部参数是世界性难题。在地坑实验室里，包玉合冒着40 ℃的高温和高压，通宵达旦做实验，失败了重来，再失败再来。

经过上百次的实验，他终于摸索出了一套全新的超硬材料生产控制算法，很好地解决了工艺合成中的重大技术难题，该自动化控制设备在国内同行业创造了多个第一，始终处于领先水平，为公司成为世界最大的工业金刚石制造商做出了贡献。

包玉合时刻坚守在公司生产科研第一线，承担重要项目的研发任务。2002年他研发成功人造金刚石智能化控制系统，在中南钻石股份有限公司3500多台金刚石合成设备中得到应用，为公司创造了巨大的经济效益和社会效益。

2008年，在包玉合的主持下，研究成功PCD超硬复合材料自动化控制系统，解决了6个受力面不均匀的技术难题，是国内首创，得到国际和国内专家的一致好评，被国外著名专家和公司选定为合作伙伴，年创造直接经济效益300多万元。金刚石复合片在地质勘探行业有广泛的用途，由于使用寿命长、效率高，在国外广泛使用。

2011年，他又成功开发出CBN（立方氮化硼）智能合成控制系统，为郑州中南杰特超硬材料有限公司一跃成为亚洲最大的立方氮化硼生产和供应商做出了重要贡献。

多年的研究工作使包玉合成了设备电气方面的专家，厂里有很多高精尖设备，如金刚石深加工设备——美国原装的超声波显微镜，一台价值就是200万美元。这样的设备出了故障，如果请美国专家来修，一次就要收费2万美元。2013年，引进的这种设备用了两年开始出问题，美国的专家前后来了3次，都没有修好，最后说是超声波探头出了问题，得换个新的探头，但是美国原装的探头要价3万美元。包玉合根据工作经验，感觉不应该是探头出了问题，就辞退了美国专家，包玉合带领技术人员承担了维修任务，用了仅仅一天时间就将故障排除，并且利用国产零部件将故障零件予以替换，为公司节约了一大笔费用。

包玉合仍记忆犹新地说："自己使用对它是了解的，换个探头3万美元，他们说是美国原装，我们经验判断觉得有点坑。最后自己只花了1万元就买了国产的探头，换掉后发现根本就不是探头的问题。"

据了解，对于公司引进的国外的设备，包玉合在使用和维修上都是一把好手，这得益于他对英语的熟练程度。自学英语让他能够熟练地翻译国内外技术专著，也成为公司1984年以来第一个通过英语A级考试的技术人员。

为提高金刚石的检验水平，包玉合在2003年成功研制出高精高温自动化金刚石热性能试验控制系统，可替代进口设备，目前已是国内众多金刚石用户标准试验设备。

包玉合在科技战线的辛勤耕耘获得了丰硕的成果，先后获得中国兵器集团20/30粗颗粒高品级金刚石科技进步一等奖1项，获得河南省科技成果奖2项（20/30粗颗粒高品级金刚石和大腔体粗颗粒高品级金刚石），获得豫西集团级和公司级科技进步和创新奖20多项，获得13项国家专利。

中南钻石股份有限公司的发展离不开科技的进步，在创新中发展是中南钻石股份有限公司快速发展的一大法宝。如今，拥有12项国家专利的包玉合将自己的知识和经验毫无保留地传给公司的科研团队，一大批既有扎实的理论基础又富于创新精神的青年科技人员脱颖而出，在公司的生产和科研上发挥了重要作用①。

① 摘自《"兵器大工匠"包玉合：创新中发展是"法宝"》，央广网2017年8月21日，有改动。

正是包玉合这种锲而不舍、深入研究的精神，让他在设备电气方面成了专家，创造出了一个又一个新技术、新专利。

懂得学习并懂得创新，技艺才会得到不断的进步和发展，这就是创新的力量。

创新是一个民族进步的推动力，是一个国家、一个企业、一个工匠源源不断的核心竞争力。创新并不深奥，也不神秘，创新只是在善于观察、善于发现、深入研究的过程中创造的新事物。它是使人进步的原动力，是使社会持续向前发展的生命源泉。无论是对于生活，还是对于工作，我们都应养成这种善于观察和发现，善于开拓思维，善于研究的习惯，发扬创新的精神，这样便会在追求成为优秀工匠的路上越走越远，最终跻身“大国工匠”的荣誉殿堂。

第二节　创新就是突破常规

现代社会中，每个人都会有自己的思维习惯，我们把这也称为思维定式。所谓思维定式，是指心理活动的一种准备状态，它影响人们思考、解决问题的倾向性。当人们思考问题时，或多或少就会在人们头脑中留下一种思维惯性。思维惯性使人们在新问题面前仍然习惯性地依据原有的思路进行思考，而这在某种程度上就会严重地影响创新思维的发展，从而导致人们无法进行创新活动。

从某种意义上来说，创新就是打破思维定式，突破常规。

美国科普作家阿西莫夫曾经讲过一个关于自己的故事。

阿西莫夫从小就聪明，年轻时多次参加“智商测试”，得分总在160左右，属于“天赋极高者”之列，他一直为此而扬扬得意。有一次，他遇到一位汽车修理工——他的老熟人。汽车修理工对阿西莫夫说：“嗨，博士！我来考考你的智力，出一道思考题，看你能不能回答正确。”

阿西莫夫点头同意。修理工便开始说思考题：“有一位既聋又哑的人，想买几根钉子，来到五金商店，对售货员做了这样一个手势——左手两个指头立在柜台上，右手握拳头做出敲击的样子。售货员见状，先给他拿来一把锤子；聋哑人摇摇头，指了指立着的那两根指头。于是售货员就明白了，聋哑人想买的是钉子。聋哑人买好钉子，刚走出商店，接着进来一位盲人。这位盲人想买一把剪刀，请问：盲人将会怎样做?”

阿西莫夫顺口答道：“盲人肯定会这样——”说着，伸出食指和中指，做出剪刀的形状。

汽车修理工一听笑了：“哈哈，你答错了吧！盲人想买剪刀，只需要开口说‘我买剪刀’就行了，他干吗要做手势呀?”

阿西莫夫这时不得不承认自己确实是个“笨蛋”，而那位汽车修理工人却得理不饶人，用教训的口吻说：“在考你之前，我就料定你肯定要答错，因为，你所受的教育太多了，不可能很聪明。”

实际上，汽车修理工所说的受教育多与不可能聪明之间的关系，并不是因为学的知识多了人反而变笨了，而是因为人的知识和经验多，会在头脑中形成较多的思维定式。这种思维定式会束缚人的思维，使思维按照固有的路径展开。

人们在一定的环境中工作和生活，久而久之就会形成一种固定的思维模式，使人们习惯于从固定的角度来观察、思考事物，以固定的方式来接受事物。

有这样一个问题：一位公安局长在路边同一位老人谈话，这时跑过来一位小孩，急促地对公安局长说："你爸爸和我爸爸吵起来了！"老人问："这孩子是你什么人？"公安局长说："是我儿子。"请你回答：这两个吵架的人和公安局长是什么关系？

对这一问题，在100名被试中只有两人答对。后来向一个三口之家问这个问题，父母没答对，孩子却很快答了出来："局长是个女的，吵架的一个是局长的丈夫，即孩子的爸爸；另一个是局长的爸爸，即孩子的外公。"

为什么那么多成年人对如此简单的问题解答反而不如孩子呢？这就是定式效应：按照成人的经验，公安局长应该是男的，从男局长这个心理定式推想，自然找不到答案；而小孩子没有这方面的经验，也就没有心理定式的限制，因而一下子就找到了正确答案。

能够把人限制住的，只有人自己。人的思维空间是无限的，像曲别针一样，至少有亿万种可能的变化。也许我们正被困在一个看似走投无路的境地，也许我们正囿于一种两难选择之间，这时一定要明白，这种境遇只是因为我们固执的定式思维所致，只要勇于重新考虑，一定能够找到不止一条跳出困境的出路①。

① 摘自《哲理故事：盲人怎样买剪刀》，搜狐网2017年7月5日，有改动。

第三节　创新就是革新创造

现实生活中，我们经常会遇到这样的事情：当人们使用某些仪器或设施时，总会发现有些东西并不适合自己，但是每每遇到这样的情况，绝大多数人都会抱怨而不会去想怎么改变。这实际上就是一种安于现状、缺乏创新思维的表现。

创新是促进社会发展的不竭动力，只有不断地创新，我们的社会才能进步，生活才会越来越美好。也正是因为有了创新，我们现在才有这样现代化的生活，否则，我们还将是在茹毛饮血的原始社会。

在追求成为优秀工匠的路上，我们要培养革新创造的精神，细心观察，努力创新。

在工作中，我们要懂得动脑子，懂得在遇到问题的时候寻找解决问题的方法，尝试性地使用新方法去解决问题，而不是循规蹈矩，故步自封，止步不前。世间万物，每时每刻都在变化运动之中，如果只是按照原先的规律和方法处理问题，无论是谁，都难以逃出失败的命运。

“刻舟求剑”的故事大家早已熟知。故事中的主人公处事过于古板，不懂得变通，不知道创新，最终也就无法找到他所丢失的宝剑了。

当创新成为习惯之后，创新也就不再是什么困难之事，时时刻刻都可以进行创新。中铁上海工程局集团市政工程有限公司的一名普通的电工李增红在20余年的时间里不断超越自己，先后掌握了4项国家发明专利和7项国家实用性专利，她的故事激励着每一位想要成为优秀工匠的人。

在常人眼里，“头戴安全帽，身挎电工包，上自检查电路，下至更换电灯”，就是一位普通电工的身影。可谁也没有想到，从注浆压力传感器制作，到顶管掘进机研制，24年来共有15项发明革新在李增红手中诞生。其中4项被评为国家级发明专利，7项被评为国家实用性专利，累计创造经济价值2000多万元。

人们不禁要问：李增红是靠什么实现技术创新的呢？“师傅有两大爱好，一是爱琢磨，二是爱鼓捣。”徒弟的回答道出了李增红成为“创新达人”的真谛——不仅工作负责，还富有创新精神。是的，起初只有初中文化程度的李增红，就立誓要成为一名“合格的电工”。从此以后，她抓紧一切机会学习电工知识和技能。24年间，李增红记下了超过30本的工作笔记，这15万字的记录无声地述说着这位电工“创新达人”的创新历程，成为她独一无二的技术财富。

李增红从一位普通电工成长为“创新达人”，再次印证了“三百六十行，行行出状元”之理。创新与否，不仅在于工作属性，更在于干工作的人有没有创新的责任和激情。诚如李增红自己所言：“不想创新的电工，很难说是一个合格的电工。我就是想通过自己的努力，让人们的生活更美好。”有了创新的责任和激情，哪怕学历再低，也可以通过刻苦攻读迎头赶上；哪怕工作再忙，可以利用业余时间补充；哪怕机会再少，可以创造环境、捕捉机会。

李增红成为“创新达人”的标本意义更在于，创新是一个整体的生态链，从基础研究到应用研究再到商业化，都需要创新。这中间，自然离不开技术工人提供的最基础也最不可缺少的技术创新、技术支撑。好比生产一架飞机，研发设计再科学、材料生产再先进，没有技术工人的技术创新和精心装配，永远也飞不起来。我国决心重振制造业，重振制造业的核心就是增强本国创新能力、推进技术进步，而这也对技术工人的创新提出了新的更高的要求。

与此同时，我们还需看到这样一个事实，第六次人口普查的数据表明，体力劳动工人群体10年间上升了3.78%，技术工人群体比例没有增加反而下降。时下就业市场上对于技术工人的需求十分强，但现实是，社会上对于技术工人没有给予足够的尊重，技术认证、地位认证、地位准入、职业培训等不同程度还存在轻视以至歧视现象。面对这样的生存、生产环境，技术工人还怎么实现安心生产、快乐创新？还怎么有决心有信心去追求以“不浮不殆、专注执着、精益求精、久久为功”为核心的工匠精神？

李克强总理在谈及实施“中国制造2025”时强调，工业制造是国民经济的重要支柱，是实现发展升级的“国之重器”，推动制造业由大变强，关键在于培育更多的“大国工匠”。当前，国家正在实施转型升级战略，提倡“大众创业，万众创新”，自主创新驱动、集约型发展的形势需要具备匠人精神的“大国工匠”。从这个意义上说，“通过全面深化改革，破除一切束缚创新的桎梏，让一切想创新能创新的人有机会、有舞台，让各类主体的创造潜能充分激发、释放出来”，培养一大批李增红式的“创新达人”，当是题中应有之义[①]。

---

① 摘自《“大国工匠”呼唤“创新达人”》，《宁波日报》2015年11月25日，有改动。

创新，就是革新创造，创造出新的、有价值的事物、技术，这是一种进步，更是一种需求。作为优秀工匠，应具有这种革新创造的品质，这也是工匠精神所要求的具体内涵。

创新是一个民族进步的灵魂，是国家兴旺发达的不朽动力，也是个人在学习、工作和事业上的永久的活力源泉。纵观古今，能够在各个领域做出巨大成就的人都有一个共同的优秀品德，那就是能够摒除当时落后的观点，善于创造，勇于标新立异、独树一帜，能够冒天下之大不韪，发现前人的错误并改正，解决前人所没有解决的问题。

勇于开拓，大胆创新，此为匠心之华。不犯错，是为匠心之责，但是若不能进一步创新，匠心也就失去了意义。守住原有的品质，更加勇敢地去创新，拓展出新的篇章，才会展现匠心的光彩。

工匠典范——“动车医生”刘波

2016年7月，国家发展改革委、交通运输部、中国铁路总公司联合发布了《中长期铁路网规划》，勾画了新时期“八纵八横”高速铁路网的宏大蓝图，它是“四纵四横”的拓展与升华。预计到2020年，全国高速铁路将由2015年年底的1.9万千米增加到3万千米。

客运换乘“零距离”、物流衔接“无缝化”、运输服务“一体化”，未来，人们的生活会越来越便捷。高速铁路快速发展的背后离不开这样一群人，他们一步一步看，一尺一尺量，保证车体质量完全达到标准，他们挑灯夜战，细节到每一个螺栓、每一个扣件，保证一个都不差。他们就是我们通常所说的“动车医生”。

刘波是济南铁路局青岛动车段青岛动车所高铁机械师，他检修过3000多列（次）动车组，排除过30多次重大故障险情。谈起刘波时，大家都亲切地称他为“老男孩”，因为他总是阳光、热情、活跃，其实他已经是一个12岁男孩的父亲了。

从门外汉到行家里手

刘波出生在铁路工人家庭，生活在铁道边，受环境影响，刘波从小就对铁路有着深厚的感情，并且对铁路工作十分好奇。恰好在1991年，刘波被青岛铁路分局招工，并被分配到车辆段列检所当上了一名检车员。2007年，刘波开始从事动车检修和保养工作。

高速铁路异军突起，新知识、新技能被不断运用到动车上，只有不断加强学习才能更好地胜任工作。在学习业务方面，刘波肯钻研、能吃苦，对一张电路图，会让师傅一个支路一个支路地进行讲解，一个配件一个配件地进行分析。

为了进一步学习电气知识，刘波报考了中专，强化对电气知识的了解，读完中专后，他又报考了专科机电一体化专业，后来又成功考上了本科的电气工程。白天，动车组在线上运行，刘波就啃书本学理论；晚上动车组入库，就在实践中学习提高，很快熟悉掌握动车组上万个零件和几百条线路的逻辑关系，成为动车技术的行家里手。他一步步地从一个“菜鸟”变成了“高手”。

练就“独门绝技”

不同车型、不同系统在出现故障时的处理方法是完全不同的，在一线工作多年的刘波梳理汇总了自己多年的实践经验，编辑制作了动车应急指挥系统快速查询、快速检索的办法。现在，全路局的机械师不仅可以在局域网内看到动车组十大系统的细化分类、动车组上万个零件和几百条线路的逻辑关系，列车在运行途中发生故障时还能及时得到应急处置的指导。

动车检修工作分为地勤检修和随车检修。地勤检修工作就是对每天入库的动车进行例行检测及故障处理恢复最佳的运用状态；随车检修工作就是对运行在线上的动车组进行途中维护和对突发故障处理，确保动车组运行的绝对安全。随着工作经验的丰富，刘波还练出了一手“望闻问切”的绝活。

有一次，他在检修库检查一列动车组入库接车作业情况，在电机的轰鸣声中听出一丝微弱的杂音。他立即叫来当班工长，组织人员对有杂声的部位拆解后进行仔细排查，果然发现了隐患：车上变压器的防护格栅灰尘过多，如果不及时清洗（运行途中）就有可能发生断电故障。因此，每次发生动车组故障，刘波都要究其根源，将故障现象、原因分析及处置措施、日常维护要求形成笔记，纳入教学案例。近几年，移动通信兴起，他每次都将故障案例发到微信群里，组织大家学习讨论。

不断超越 传承技术薪火

“人生就应该不断追求超越!”这是刘波的口头禅。20多年的时间里，刘波获得了全国技术能手、全国铁路首席技师、山东省首席技师称号和火车头奖章、富民兴鲁奖章等各种荣誉。但让刘波最激动、最自豪的还是看着经过他检修的一列列动车组平安行驶在轨道上，把乘客们安全送达各自的目的地。

2013年12月，以刘波名字命名的“动车组技术刘波创新工作室”正式成立，如今这个工作室不仅成为动车组运用检修技术难题攻关、业务创新的专业技术团队，还成为培养技术拔尖人才的摇篮。

针对新职随车机械师业务和值乘经验不足的情况，他实行因人施教法，帮助个别机械师处理心理素质差、专业技能参差不齐等问题，极大地提高了培训效果。他还开设了劳模讲堂，组织举办了 18 期地勤机械师适应性培训和 24 期 1145 人次随车机械师应急知识培训。

在刘波看来，动车段有很多与他一样勤勤恳恳、认真负责的“大国工匠”。正是他们默默无闻、昼夜辛劳的坚守，才保证了“安全出行、方便出行、温馨出行”的承诺，正是他们的有力守护才让“中国速度”在世界占有一席之地①。

① 摘自《“动车医生”刘波：为“中国速度”保驾护航》，央视网 2016 年 7 月 28 日，有改动。

参 考 文 献

[1] 李宏伟，别应龙．工匠精神的历史传承与当代培育［J］．自然辩证法研究，2015（8）．

[2] 肖群忠，刘永春．工匠精神及其当代价值［J］．湖南社会科学，2015（6）．

[3] 杨乔雅．大国工匠：寻找中国缺失的工匠精神［M］．北京：经济管理出版社，2017．

[4] 人力资源和社会保障部．工匠精神读本［M］．北京：中国劳动社会保障出版社，2016．

[5] 学习型员工·素质建设工程教研中心．传承工匠精神　争做优秀员工［M］．北京：企业管理出版社，2016．

[6] 工业和信息化部工业文化发展中心．工匠精神：中国制造品质革命之魂［M］．北京：人民出版社，2016．

[7] 李淑玲．工匠精神：敬业兴企，匠心筑梦［M］．北京：企业管理出版社，2016．

[8] 职业杂志社，家庭服务杂志社．古今中外工匠精神故事汇［M］．北京：中国劳动社会保障出版社，2016．

后　记

在本书付梓之际，感慨颇多，此处执一两处加以展开，以期与众多同行分享讨论。

党的十九大报告指出："经过长期努力，中国特色社会主义进入了新时代，这是我国发展新的历史方位。"这也昭示着，在未来一段时间内，我国要建设知识型、技能型、创新型劳动者大军，弘扬劳模精神和工匠精神，营造劳动光荣的社会风尚和精益求精的敬业风气，为决胜全面建成小康社会，为实现中华民族伟大复兴的中国梦不懈奋斗。

过去几十年，我们一直称"中国制造"，曾几何时，"中国制造"在一些国家是"便宜、粗制滥造"的代名词。但是，在当今朝向"中国创造"发展的过程中，我们要充分发扬"工匠精神"，持之以恒，精益求精，将创新与发展充分融合，充分发挥中国人民的聪明才智，为中华民族的伟大崛起添砖加瓦。

工匠精神不仅仅是一种精神，它更是一种民族持续发展的动力源泉。以前，言工匠必称德、日；在未来，我相信，凭借中国人民的勤劳与智慧，凭借中华民族的优良传统，工匠精神必将成为"中国创造"之魂！

编者

2018 年 1 月